全球变化热门话题丛书

主　编　秦大河
副主编　丁一汇　毛耀顺

大气臭氧层和臭氧洞

—Daqi Chouyangceng he Chouyangdong—

王庚辰　编著

气象出版社

图书在版编目(CIP)数据

大气臭氧层和臭氧洞/王庚辰编著.—北京:气象出版社,2003.3(2012.8重印)

(全球变化热门话题/秦大河主编)

ISBN 978-7-5029-3555-9

Ⅰ.大… Ⅱ.王… Ⅲ.臭氧层-普及读物 Ⅳ.P421.33-49

中国版本图书馆 CIP 数据核字(2003)第 016891 号

气象出版社出版

(北京市海淀区中关村南大街 46 号 邮编:100081)

总编室:010－68407112 　　发行部:010－68409198

网址:http://www.cmp.cma.gov.cn 　E-mail:qxcbs@cma.gov.cn

责任编辑:李太宇　俞卫平　终审:周诗健

封面设计:新视窗工作室　责任技编:都　平　责任校对:解　丽

*

北京京科印刷有限公司印刷

气象出版社发行　全国各地新华书店经销

*

开本:889×1194　1/32　印张:6.25　字数:158 千字

2003 年 3 月第一版　2012 年 8 月第四次印刷

印数:9801～14800　定价:18.00 元

本书如存在文字不清、漏印以及缺页、倒页、脱页等,请与本社发行部联系调换

序　言

全球变化科学是从20世纪80年代发展起来的一个新兴的科学领域。其研究对象是气候系统(包括岩石圈、大气圈、水圈、冰冻圈和生物圈)、各子系统内部以及各子系统之间的相互作用。它的科学目标是描述和理解人类赖以生存的气候系统运行的机制、变化规律以及人类活动在其中所起的作用与影响，从而提高对未来环境变化及其对人类社会发展影响的预测和评估能力。近20年来，全球变化的研究方向经历了重大调整。首先是从认识气候系统基本规律的纯基础研究为主，发展到与人类社会可持续发展密切相关的一系列生存环境实际问题的研究；其次是从研究人类活动对环境变化的影响，扩展到研究人类如何适应和减缓全球环境的变化。全球变化的研究已经取得了重大的进展。

气候变化是全球变化研究的核心问题和重要内容。科学研究表明，近百年来，地球气候正经历一次以全球变暖为主要特征的显著变化。近50年的气候变暖主要是人类使用矿物燃料排放的大量二氧化碳等温室气体的增温效应造成的。现有的预测表明，未来50～100年全球的气候将继续向变暖的方向发展。这一增温对全球自然生态系统和各国社会经济已经产生并将继续产生重大而深刻的影响，使人类的生存和发展面临巨大挑战。

自工业革命(1750年)以来，大气中温室气体浓度明显增加。大气中二氧化碳的浓度目前已达到368 ppmv(百万分之一体积)，这可能是过去42万年中的最高值。增强的温室效应使得自1860年有气象仪器观测记录以来，全球平均温度升高了0.6 ± 0.2℃。

最暖的14个年份均出现在1983年以后。20世纪北半球温度的增幅可能是过去1 000年中最高的。降水分布也发生了变化。大陆地区尤其是中高纬地区降水增加,非洲等一些地区降水减少。有些地区极端天气气候事件(厄尔尼诺、干旱、洪涝、雷暴、冰雹、风暴、高温天气和沙尘暴等)的出现频率与强度增加。近百年我国气候也在变暖,气温上升了0.4～0.5℃,以冬季和西北、华北、东北最为明显。1985年以来,我国已连续出现了17个全国大范围暖冬。降水自20世纪50年代以后逐渐减少,华北地区出现了暖干化趋势。

对于未来100年的全球气候变化,国内外科学家也进行了预测。结果表明:(1)到2100年时,地球平均地表气温将比1990年上升1.4～5.8℃。这一增温值将是20世纪内增温值(0.6℃左右)的2～10倍,可能是近10 000年中增温最显著的速率。21世纪全球平均降水将会增加,北半球雪盖和海冰范围将进一步缩小。到2100年时,全球平均海平面将比1990年上升0.09～0.88 m。一些极端事件(如高温天气、强降水、热带气旋强风等)发生的频率会增加。(2)我国气候将继续变暖。到2020～2030年,全国平均气温将上升1.7℃;到2050年,全国平均气温将上升2.2℃。我国气候变暖的幅度由南向北增加。不少地区降水出现增加趋势,但华北和东北南部等一些地区将出现继续变干的趋势。

气候变化的影响是多尺度、全方位、多层次的,正面和负面影响并存,但它的负面影响更受关注。全球气候变暖对全球许多地区的自然生态系统已经产生了影响,如海平面升高、冰川退缩、湖泊水位下降、湖泊面积萎缩、冻土融化、河(湖)冰迟冻与早融、中高纬生长季节延长、动植物分布范围向极区和高海拔区延伸、某些动植物数量减少、一些植物开花期提前等等。自然生态系统由于适应能力有限,容易受到严重的、甚至不可恢复的破坏。正面临这种危险的系统包括:冰川、珊瑚礁岛、红树林、热带雨林、极地和高山生态系统、草原湿地、残余天然草地和海岸带生态系统等。随着气候变化频率和幅度的增加,遭受破坏的自然生态系统在数目上会有所增加,其地理范围也将增加。

气候变化对国民经济的影响可能以负面为主。农业可能是对气候变化反应最为敏感的部门之一。气候变化将使我国未来农业生产的不稳定性增加,产量波动大;农业生产布局和结构将出现变动;农业生产条件改变,农业成本和投资大幅度增加。气候变暖将导致地表径流、旱涝灾害频率和一些地区的水质等发生变化,特别是水资源供需矛盾将更为突出。对气候变化敏感的传染性疾病(如疟疾和登革热)的传播范围可能增加;与高温热浪天气有关的疾病和死亡率增加。气候变化将影响人类居住环境,尤其是江河流域和海岸带低地地区以及迅速发展的城镇,最直接的威胁是洪涝和山体滑坡。人类目前所面临的水和能源短缺、垃圾处理和交通等环境问题,也可能因高温、多雨而加剧。

由于全球增暖将导致地球气候系统的深刻变化,使人类与生态环境系统之间业已建立起来的相互适应关系受到显著影响和扰动,因此全球变化特别是气候变化问题得到各国政府与公众的极大关注。

1979年的第一次世界气候大会(主要由科学家参加)宣言提出:如果大气中的二氧化碳含量今后仍像现在这样不断增加,则气温的上升到20世纪末将达到可测量的程度,到21世纪中叶将会出现显著的增温现象。1990年11月,第二次世界气候大会(由科学家和部长参加)通过了《科学技术会议声明》和《部长宣言》,认为已有一些技术上可行、经济上有效的方法,可供各国减少二氧化碳的排放,并提出制定气候变化公约的问题。1991年2月联合国组成气候公约谈判工作组,并于1992年5月完成了公约的谈判工作。1992年6月联合国环境与发展大会期间,153个国家和区域一体化组织正式签署了《联合国气候变化框架公约》。1994年3月21日公约正式生效。截止到2001年12月共有187个国家和区域一体化组织成为缔约方。公约缔约方第一次大会于1995年3月在德国柏林召开。经过两年的艰苦谈判,1997年12月在日本京都召开的公约第三次缔约方大会上通过了《京都议定书》，为发达国家规定了到 2008~2012 年的具体的温室气体减排义务。

1988 年 11 月世界气象组织和联合国环境规划署建立了"政府间气候变化专门委员会(IPCC)"，其主要任务是定期对气候变化科学知识的现状、气候变化对社会和经济的潜在影响，以及适应和减缓气候变化的可能对策进行评估，为各国政府和国际社会提供权威的科学信息。自成立以来，IPCC 已组织世界上数以千计的不同领域的科学家完成了三次评估报告及"综合报告"。目前，IPCC 正在准备编写第四次评估报告，将于 2007 年完成。此外，还组织编写了许多特别报告、技术报告。IPCC 组织编写的这些评估报告，作为制定气候变化政策和对策的科学依据提交给国际社会和各国政府。它不仅为各国政府部门制定气候变化对策提供了科学信息，而且也直接影响着《联合国气候变化框架公约》及《京都议定书》的实施进程，并在荒漠化、湿地等其他国际环境公约的活动中发挥着越来越大的作用。

全球气候变化问题，不仅是科学问题、环境问题，而且是能源问题、经济问题和政治问题。全球气候变化问题将给我国带来许多挑战、压力和机遇。

国际上要求我国减排温室气体的压力越来越大。目前我国二氧化碳排放量已位居世界第二，甲烷、氧化亚氮等温室气体的排放量也居世界前列。预测表明，到 2025~2030 年间，我国的二氧化碳排放总量很可能超过美国，居世界第一位；目前低于世界平均水平的我国人均二氧化碳排放量可能达到世界平均水平。由于技术和设备相对落后、陈旧，能源消费强度大，我国单位国内生产总值的温室气体排放量比较高。

我国减排温室气体的潜力受到能源结构、技术和资金的制约。煤是我国的主要能源，在我国一次能源消费中，煤炭约占 70%。受能源结构的制约，我国通过调整能源结构来减少二氧化碳排放量的潜力有限。如果近期就承担温室气体控制义务，我国的能源供应将受到制约。同时，因缺少相应的技术支撑，我国的经济发展将受到严重影响。因此，我国的能源结构和减排成本决定了我国不可能过早地承诺减排义务。在相当一段时期内，我国应坚持"节约能源、优化能源结构、提高能源利用效率"的能源政策，但是需要相当的技术和资金作为保证。目前发达国家希望通过"清洁发展机制(CDM)"项目，从发展中国家获得减排抵消额。这将为发展中国家获得新的投资和技术转让带来机遇。

我国党和政府对气候变化问题一直非常重视，早在1986年就成立了国家气候委员会，其职责是参加国际有关组织相应的活动，并在开展气候研究、预报、服务等工作中，负责对外的国际合作、交流，对内起到组织协调的作用，并与各有关部门共同协商、配合工作，充分发挥各有关单位的积极性，使气候科学更好地为国家建设服务。1995年成立了国家气候中心，专门从事气候监测、预测和评价等工作，为我国经济建设和社会发展提供了卓有成效的服务。目前，气候变化与生态环境问题已引起党和政府的高度关注。但是总体来看，迄今为止我国还未把适应与减缓气候变化影响的问题真正提上议事日程，这方面的研究仍十分薄弱和不足。由于全球气候变暖可能给我国自然生态系统和社会经济部门带来难以承受的、不可逆转的、持久的严重影响。因此，应对全球气候变暖的影响，趋利避害，应成为我国实施可持续发展时必须重视的问题之一。需要全面深入研究气候变化对我国自然生态系统和国民经济各部门的影响后果、可采取的适应与减缓措施，并在对其进行成本-效益分析的基础上，提出我国适应与减缓气候变化影响的规划和行动计划。

为了宣传和普及气候和气候变化方面的科学知识，提高公众在全球变化问题上的科学认识，我们组织编撰出版这套《全球变化热门话题》丛书。本套丛书一共18册，由国内相关领域的知名专家撰稿，内容包括以下三方面：一是以大量监测数据为基础，揭示全球变化的若干事实及其在各个分系统中的表现形式；二是以太阳辐射、大气化学、大气物理、环境和生态演变等多学科交叉理论为基础,深入浅出地阐述气候变化的成因;三是以可持续发展理论为指导,提出人类适应和减缓全球变化的各种对策、途径和方法。该丛书的出版,旨在使人们对全球变化有清醒而全面的科学认识,从而更加关注全球变化,并且在更高的层次上、更广泛的范围内认识我国在全球变化中的地位和作用,自觉参与人类社会的共同决策,保护人类赖以生存的地球环境。

国家气候委员会主任
中国气象局局长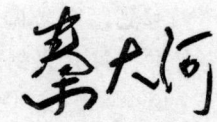

2003 年 3 月 23 日

目　录

- 第一章　大气臭氧层 …………………………………………（1）
  - 臭氧和大气臭氧层 …………………………………………（1）
    - 臭氧的发现 ……………………………………………（2）
    - 大气中的臭氧及其他组分 ……………………………（4）
    - 大气分层和大气臭氧层的形成 ………………………（8）
    - 大气臭氧层和大气平流层 ……………………………（14）
  - 地球生灵的天然保护伞 ……………………………………（17）
    - 太阳和太阳紫外线 ……………………………………（17）
    - 大气臭氧对紫外线的吸收 ……………………………（20）
    - 臭氧层保护着地球上的生灵 …………………………（21）
  - 臭氧在大气中的分布和变化 ………………………………（23）
    - 大气中的臭氧总量及其变化 …………………………（23）
    - 大气中的臭氧随高度的变化 …………………………（25）
    - 臭氧时空变化的缘由 …………………………………（29）
  - 大气臭氧和天气气候变化 …………………………………（30）
    - 臭氧是一种温室气体 …………………………………（30）
    - 大气臭氧和天气过程 …………………………………（31）
    - 大气臭氧和气候变化 …………………………………（34）
- 第二章　低层大气中的臭氧 …………………………………（36）
  - 对流层中的臭氧 ……………………………………………（36）
    - 对流层中臭氧的来源和消失 …………………………（36）

对流层与平流层之间的臭氧交换 ……………… (40)
　　　对流层臭氧的变化 ……………………………… (42)
　大气边界层中臭氧的变化 …………………………… (44)
　　　臭氧的时间和空间变化 ………………………… (44)
　　　人类活动对近地层臭氧的影响 ………………… (47)
　　　近地面臭氧浓度的变化 ………………………… (49)
　近地层大气中臭氧变化对人与环境的影响 ………… (50)
　　　对空气质量的影响 ……………………………… (50)
　　　对人体健康的影响 ……………………………… (52)
　　　对生态系统的影响 ……………………………… (55)
第三章　大气臭氧层的探测 …………………………… (60)
　大气臭氧总量的探测 ………………………………… (60)
　　　地基探测技术 …………………………………… (60)
　　　全球大气臭氧监测网 …………………………… (70)
　　　全球大气臭氧观测资料 ………………………… (71)
　大气臭氧空间分布的探测 …………………………… (73)
　　　大气臭氧的气球探测 …………………………… (73)
　　　大气臭氧的激光雷达探测 ……………………… (81)
　　　大气臭氧的卫星探测 …………………………… (82)
　大气臭氧的近地面测量 ……………………………… (85)
　　　臭氧浓度的现场测量 …………………………… (85)
　　　臭氧浓度的现场遥测 …………………………… (86)
　　　臭氧浓度的系留气艇测量 ……………………… (89)
第四章　大气臭氧层的耗损及其后果 ………………… (91)
　臭氧层正在遭到破坏 ………………………………… (91)
　　　全球臭氧的耗损趋势 …………………………… (91)
　　　北半球的臭氧耗损 ……………………………… (93)
　　　高纬度地区的臭氧耗损 ………………………… (95)
　臭氧层破坏的解释 …………………………………… (96)

　　　　臭氧层耗损的化学理论……………………………(96)
　　　　臭氧层耗损的太阳活动理论……………………(99)
　　　　臭氧层耗损的其他理论…………………………(100)
　臭氧层破坏的后果……………………………………(102)
　　　　对人体健康的危害………………………………(102)
　　　　恶化大气环境……………………………………(108)
　　　　危害水生生物……………………………………(113)
　　　　对农作物的影响…………………………………(117)
　　　　对高分子材料的损害……………………………(121)
第五章　大气中的臭氧洞………………………………(123)
　南极臭氧洞的出现……………………………………(123)
　　　　南极上空臭氧浓度的异常变化…………………(123)
　　　　什么是臭氧洞……………………………………(125)
　　　　臭氧洞的描述……………………………………(128)
　南极臭氧洞是怎样形成的……………………………(130)
　　　　臭氧洞成因的争论………………………………(131)
　　　　臭氧洞形成的化学原因…………………………(132)
　　　　臭氧洞形成的动力学原因………………………(135)
　南极臭氧洞的演变趋势………………………………(136)
　　　　臭氧洞的过去和现状……………………………(136)
　　　　臭氧洞何时恢复…………………………………(138)
　　　　臭氧洞会在其他地区上空发生吗？……………(140)
第六章　保护大气臭氧层………………………………(143)
　消耗臭氧层物质………………………………………(143)
　　　　什么是消耗臭氧层物质…………………………(143)
　　　　消耗臭氧层物质的理化特性和应用领域………(146)
　　　　消耗臭氧层物质的替代物………………………(150)
　保护大气臭氧层行动…………………………………(153)
　　　　全球保护大气臭氧层行动………………………(153)

　　　　蒙特利尔议定书和 ODS 控制 …………………… (155)
　　　　保护大气臭氧层的近期目标 ……………………… (158)
　　　　保护大气臭氧层人人有责 ………………………… (161)
中国保护臭氧层行动方案 …………………………………… (162)
　　　　中国消耗臭氧层物质的生产和消费 ……………… (162)
　　　　中国国家方案的编制和实施 ……………………… (166)
　　　　中国保护臭氧层行动的目标和措施 ……………… (170)
附录1　大气臭氧历史中的重要事件 ………………………… (176)
附录2　《关于消耗臭氧层物质的蒙特利尔议定书》
　　　　中的 ODS 控制物质和过渡性物质 ……………… (179)
附录3　中国保护臭氧层行动大事记 ………………………… (181)
参考文献 …………………………………………………………… (186)
后记 ………………………………………………………………… (187)

第一章 大气臭氧层

臭氧和大气臭氧层

地球上人类的出现和发展经历着一个适应自然环境、改造自然环境和向大自然索取的漫长过程,随着人类自身的繁衍和科学技术的发展,地球上的人口大幅度增加,人类改造自然的能力空前增强,人类为了自身的生存需求向大自然的索取也更加变本加厉,其结果是人类受到了大自然的无情报复——产生了空前严重的环境问题,从而使人类自身陷入了忧虑不安之中,正在吞噬着自己酿成的苦果。在诸多环境问题中,酸雨、臭氧层破坏和全球变暖被认为是人类当前面临的最重大的三个全球环境问题。人们已经了解,酸雨会对陆地生态、水生生态、材料和居民健康带来严重危害,而全球变暖则会导致海平面上升,进而给人类带来巨大灾难。那么大气臭氧层破坏缘何成为当今世界的重大环境问题呢?什么是大气臭氧层?大气中的臭氧层到底发生了什么问题?南极臭氧空洞是怎么回事?大气中臭氧层破坏与人类生存有什么关系？这一连串的问题均需要科学家们进行研究并做出回答。

臭氧的发现

人们对地球大气中的臭氧(O_3)并不陌生,它是三原子氧,是普通氧气的同胞兄弟。最早提出臭氧作为一种物质存在的是德国科学家万·麻鲁(Van Marum),他在1786年的静电实验中发觉了臭氧气味的存在,并指出在某些化学反应过程中以及大气中的一些放电过程中也有类似气味存在。但他当时没有对这种物质冠以专门的名称。1839年德国化学家斯考宾(C.F. Schonbein)在实验中再次发现具有这种气味的物质并用希腊文命名为OZEIN,意思是发臭味的物质。后来许多物理学家和气象学家在实验室内以及通过光谱观测都证实了臭氧作为一种物质的存在。臭氧与我们熟知的普通氧气一样是一种单体,是氧元素的一种存在形式。它的每个分子(O_3)均含有3个氧原子,而正常的氧分子(O_2)只含有2个氧原子。臭氧分子属于对称线性结构分子,即组成臭氧分子的3个氧原子分别位于一个等腰三角形的顶端,这个等腰三角形的边长为1.278 Å(Å读作艾格斯特瑞姆(Angstrom),是长度单位,1 Å $=10^{-10}$ m),顶角为116°49′。臭氧的分子量为48,一个臭氧分子的质量为7.97×10^{-23} g。臭氧与普通氧气的某些物理特征由表1.1给出。

气体状态的臭氧呈浅蓝色,臭氧浓度大时,其色彩更为明显,

表 1.1 臭氧和氧气的某些物理特征比较

特 征 量	臭氧	氧气
临界温度(℃)	−5	−18.8
临界压力(hPa)	67	49.7
临界体积(L/kg)	1.86	2.33
熔点温度(℃)	−251	219
标准气压下的沸点温度(℃)	−112	183
蒸发潜热(cal*/g)	73	51

* 1 cal=4.186 J

在标准状况下,气体状态的臭氧密度为 2.144×10^{-3} g/cm³,液态状态下的臭氧呈深蓝色,其密度约为 1.46 g/cm³,固态臭氧为深紫色晶体。

一般情况下,臭氧为无味气体,但当空气中臭氧浓度达到 10^{-6} 左右时,便能嗅到这种发味物质的特殊刺鼻味道。人们在雷电天气或在有放电作业的场合中往往可以嗅到臭氧的味道。目前,在市场上有很多以放电原理制成的空气清洁设备,当它们工作时人们也会闻到臭氧的味道。空气中含有少量的臭氧对于人的身体,特别是对于人的呼吸系统疾病能起到有益的治疗作用。

与普通氧气相比,臭氧在水中的溶解能力要强得多,在标准状态下(一个大气压,温度为 0℃),臭氧在水中的溶解能力达到 1.09 g/L。

臭氧是一种化学上很不稳定和氧化性很强的物质,臭氧分子的 3 个氧原子中的一个氧原子非常容易脱离臭氧分子。即便在常温下,臭氧几乎可以氧化除金和铂金组分以外的所有金属。臭氧可以使白银变黑,可以使黑色的硫化铅(PbS)氧化成金色的硫酸铅($PbSO_4$),可以把三氧化二砷(As_2O_3)变为五氧化三砷(As_3O_5)。臭氧还能与大气中很多气体发生反应,参与大气中的很多化学和光化学反应。不仅如此,臭氧还能使许多饱和、非饱和的及链状碳氢化合物的有机物质氧化。臭氧的这一特性使得它在消毒、杀菌、漂白等行业中得到了广泛的应用。

应当特别提到的是臭氧同无机物的一个重要反应,这就是臭氧能使碘化钾(或溴化钾)分解。此外,臭氧还可以与一些有机染料(如鲁米纳,洛丹明-B,洛丹明-C 等)相互作用,其结果使这些有机染料发出强烈的荧光。臭氧的这两个特征性质目前已被广泛应用于臭氧含量的定性和定量分析中。例如,在中学的物理实验课中,教师常常借助于浸过碘化钾(KI)溶液的红色石蕊试纸来定性检验臭氧的存在。这一实验中就是根据臭氧能与碘化钾反应生成 KOH 和 I_2,而 KOH 可以使石蕊试纸由红色变为蓝色。

最后还应当提及的是臭氧能够使很多高分子材料受到破坏，在当前，很多高分子材料（如橡胶、塑料等）已广泛应用于工业、农业和百姓的日常生活，因此，臭氧的这一特性尤为令人关注。

大气中的臭氧及其他组分

现在人们已经毫不怀疑，臭氧是地球大气中的一种微量气体组分。但是提出臭氧作为一种气体组分存在于地球大气中却是在臭氧作为一种物质被发现约100年之后。1880年哈特莱(Hartley)在实验室里发现臭氧在紫外光谱区有很强的吸收，其吸收带中心位于255 nm(nm，纳米，长度单位，$1 \text{ nm} = 10^{-9} \text{ m}$)，后来这一吸收带被命名为哈特莱臭氧吸收带。哈特莱同时还指出，臭氧是高层大气中的一种气体组分。之后不久，夏皮尤(Chappuis)和赫根斯(Huggins)先后于1882年和1890年分别发现了臭氧在可见光区和紫外区的吸收带，并分别被命名为夏皮尤臭氧吸收带和赫根斯臭氧吸收带。至此，在地面观测到的太阳光谱在紫外区突然中断的现象得到圆满的科学解释。哈特莱提出的大气中存在臭氧这一想法在1917年和1921年分别被得到证实。1917年佛尔涅(Fournier)和斯特莱特(Strait)发现大气中的某些光谱与夏皮尤臭氧吸收带十分吻合。1921年法国科学家法布里(Fabry)和布申(Buission)利用光学方法首次对大气中的臭氧含量进行了观测并得到了大气中臭氧的总含量值，从而最终证实了臭氧为地球大气中的一种微量气体组分。

为了对地球大气中的臭氧含量有一个概括的了解，表1.2列出了目前地球大气中一些主要气体组分的体积浓度（即各种气体在空气中所占的百分比）。

地球大气是以氮、氧为主的多种组分混合体，按照它们在大气中含量的变化特性，可分为基本不变的成分和可变成分。基本不变的成分主要是指氮（约占78%）、氧（约占21%）以及其他一些微量气体成分，如氩、氖、氦等，这些气体的总和约占大气总体积的

99.96%。在 85 km 以下,由于大气的扩散作用,大气混合得相对比较均匀,在这层大气中,这些气体成分各自所占大气总体积的体积比在各个高度上基本相同。

表 1.2 地球大气近地层干洁空气中的主要气体组分

	成 分	分子量	含量(体积比)
基本不变的气体	氮(N_2)	28.0134	0.78084
	氧(O_2)	31.9988	0.209476
	氩(Ar)	39.9480	0.00934
	氖(Ne)	20.1830	18.18×10^{-6}
	氦(He)	4.0026	5.24×10^{-6}
	氪(Kr)	83.8000	1.14×10^{-6}
	氙(Xe)	131.3000	0.1×10^{-6}
	氢(H_2)	2.0159	0.5×10^{-6}
	甲烷(CH_4)	16.0430	1.7×10^{-6}
可变气体	二氧化碳(CO_2)	44.0099	360×10^{-6}
	水汽(H_2O)	18.0159	$2 \sim 1000 \times 10^{-6}$
	二氧化氮(NO_2)	46.0055	$0 \sim 2 \times 10^{-6}$
	一氧化二氮(N_2O)	44.0128	0.3×10^{-6}
	一氧化碳(CO)	28.0101	0.1×10^{-6}
	臭氧(O_3)	47.9982	$10 \times 10^{-9} \sim 50 \times 10^{-9}$
	二氧化硫(SO_2)	28.0134	$0.03 \sim 30 \times 10^{-9}$
	硫化氢(H_2S)	31.9988	$0.01 \sim 0.6 \times 10^{-9}$
	氨(NH_3)	39.9480	$0.1 \sim 10 \times 10^{-9}$

大气中的可变气体成分主要是指大气中的二氧化碳、水汽、臭氧等气体。这些气体在大气中的含量虽少,但它们对大气的物理、化学等状态的影响却很大。

二氧化碳 在 11~20 km 以下的大气层中,二氧化碳(CO_2)的分布比较均匀,相对含量基本稳定。但由于工业的发展、矿物燃料(如:煤、石油、天然气)燃量的增加、森林覆盖面积的减少等原因,二氧化碳在大气中的含量有明显的增加趋势。例如,1890 年二氧化碳含量为 0.0296%(体积比),1978 年已增至 0.0332%(体积比)。目前,大气中的二氧化碳含量约为 0.0360%(体积比)。二氧化碳吸收太阳辐射少,但能强烈吸收地面辐射并发出长波辐射,从而影响大气的温度。这就是说,大气中的二氧化碳像一个罩子一样包在地球的四周,阻止地球表面的辐射能量向外散发,这一效应与温室保温相似,故称作"温室效应"。"温室效应"这一概念最早是由法国科学家 J.B. 傅里叶(Jean Baptiste Fourier)于 1827 年提出的。随后,英国、瑞典等国的许多科学家们曾先后对大气中二氧化碳浓度增加产生的温室效应增加进行了定量研究。但是人们真正认识到大气中二氧化碳浓度增加可能对全球气候产生影响却是 20 世纪 50 年代的事。从那时起,人们对大气中二氧化碳浓度的变化,开始了系统的监测并对其可能产生的全球变暖给予了极大的关注,并最终导致了气候框架公约的签署(1992 年)。人们把产生"温室效应"的气体称作"温室气体"。除二氧化碳外,大气中还有很多其他气体,如甲烷,一氧化二氮,臭氧等都是温室气体。但二氧化碳无疑是大气中导致温室效应增加的最主要的温室气体。

臭氧 主要分布在 $10\sim 50$ km 之间的大气层中,尤其集中在 $20\sim 30$ km 范围内,那里的臭氧浓度常超过 10×10^{-6}(体积比)。大气低层的臭氧含量少,典型浓度是 $0.005\times 10^{-6}\sim 0.05\times 10^{-6}$(空气未污染时的体积比)至 0.5×10^{-6}(空气受污染时的体积比)。高空的臭氧主要由光化作用形成,低空的臭氧一部分由闪电或有机物氧化产生,另一部分从高空输送而来。大气中的臭氧总量很少,对横截面积为 1 cm^2 的整个铅直大气柱中的臭氧,折算至标准状态(气压 1013.25 hPa,温度 0℃),臭氧的总累积厚度平均约有 0.3 cm。臭氧总量的分布随纬度和时间而异。较长时间以来,大气中的臭氧含量虽然随时间和空间有较大的变化,但其总量变化一直处于 300 DU(DU 为臭氧陶普生单位)左右的水平上,直到 20 世纪 80 年代,科学家们发现大气中的臭氧层在变薄,并在南极地区出现了臭氧空洞,从而成为人类当前面临的重大环境问题之一。大量的观测研究表明,20 世纪 90 年代北半球上空大气中的臭氧耗损平均达到 5%,而在极区臭氧的耗损可达到 40% 以上,并且这种臭氧耗损趋势还在继续。不仅如此,人们还发现在北极和北半球中纬度某些地区(如青藏高原)上空,还经常季节性地出现一些臭氧低值区。由于大气中的臭氧层可以吸收太阳紫外辐射,对地球上的生命起着保护伞的作用,因此,大气中臭氧含量的减少不仅会影响高层大气的物理、化学状态,而且还会导致严重的后果。其中包括危害人体健康(增加皮肤癌和白内障的发病率),使农作物减产,危害海洋浮游生物以及损害高分子材料等(见第四章)。

甲烷 是大气中的另一种温室气体,对甲烷(CH_4)浓度变化的监测始于1978年,当时浓度为1510×10^{-9},经过20多年的增长,1998年大气中甲烷的浓度已达约1730×10^{-9}(表1.2)。70年代末,甲烷浓度年增长速率约20×10^{-9},80年代下降至9×10^{-9}~13×10^{-9}。1984~1996年间甲烷浓度的增长速率出现了连续下降趋势,1984年甲烷的年增长量达到14×10^{-9},而到1996年这一年增长量下降为3×10^{-9},这一逐步减少的增长速率反映了相对于甲烷在大气中的存留年限来说,甲烷浓度变化已经接近到一个稳定的状态。如果全球甲烷的源与汇继续保持相对稳定,则今后一段时间内可能出现甲烷浓度从现在的1730×10^{-9}到1800×10^{-9}的缓慢增加,从而基本上可估算甲烷对温室效应的贡献。

氧化亚氮 工业化以来的大约200年间,大气氧化亚氮或一氧化二氮(N_2O)浓度增长了大约15%。从18世纪中叶到20世纪90年代,大气中的氧化亚氮浓度从275×10^{-9}上升到312×10^{-9}左右。1750~1950年间大气氧化亚氮的增加速率较缓慢,而最近40多年来则呈上升趋势,80年代晚期至90年代早期增长速率约为每年0.8×10^{-9},尽管1993年下降至0.5×10^{-9},但目前仍以每年0.25%的速率缓慢增加。

一氧化碳 大气中的一氧化碳(CO)的主要来源是各种不完全燃烧过程(包括矿物燃料燃烧、汽车排放等),另外森林火灾,陆地上各类植物以及海洋生物等也通过各种形式向大气中排放一氧化碳。一般来讲,一氧化碳在大气中的浓度比较均匀,近地面大气中一氧化碳的平均浓度约为 100×10^{-9},并且几个世纪以来没有多大变化。这个值也被认为是全球一氧化碳的本底浓度值。

大气中的一氧化碳属污染气体,它对人体健康危害很大,因此,各国环境部门都制定了专门的环境标准,我国的空气污染物的一级标准规定空气中一氧化碳浓度的日均值为 3.44×10^{-6}(相当于 $4.0\ mg/m^3$。

水汽　　水汽是大气中最主要的气体组分之一,但大气中水汽的含量随时间、地点变化很大。沙漠或极地上空的水汽极少,热带洋面上的水汽含量可多达 4%(体积比)。在铅直方向,水汽含量一般随高度增加而减少。在大气温度变化的范围内水汽可发生相变,产生云雾雨雪。水汽在太阳辐射的近红外和红外区域,特别是在地球长波辐射区域,有较强的吸收带。

其他成分　　随着工业的发展和矿物燃料耗量的增多,大气中的污染性气体(例如二氧化硫、二氧化氮、一氧化氮、一氧化二氮、硫化氢、氨、一氧化碳等)日渐增多。不仅如此,大气中的各类有机化合物(如可挥发性有机物)以及卤代烃类物质(如氟利昂等)的浓度也在发生变化。从对大气臭氧浓度变化影响的角度来讲,有必要关注大气中氟利昂的浓度变化。氟利昂是人工合成物,其主要来源是工业生产。地球大气中原本不存在这种物质,随着人类对氟利昂用量的增加,这种物质在大气中的浓度也逐渐增加,由 30 多年前的 0 增加到目前的约 1×10^{-9}。由于这种物质被认为是破坏大气臭氧层的元凶,因此国际社会对限制生产和使用这种物质的呼声越来越高,随着各国逐渐禁止使用这些物质,它们在大气中的浓度会逐渐下降。

大气分层和大气臭氧层的形成

科学家们为了研究、认识地球大气,通常将整个大气圈按照其温度变化、电离状态、化学反应特征以及气体组分等随高度分布的差异,划分为若干层次。图 1.1 给出了各种大气分层的示意图。

第一章 大气臭氧层 · 9

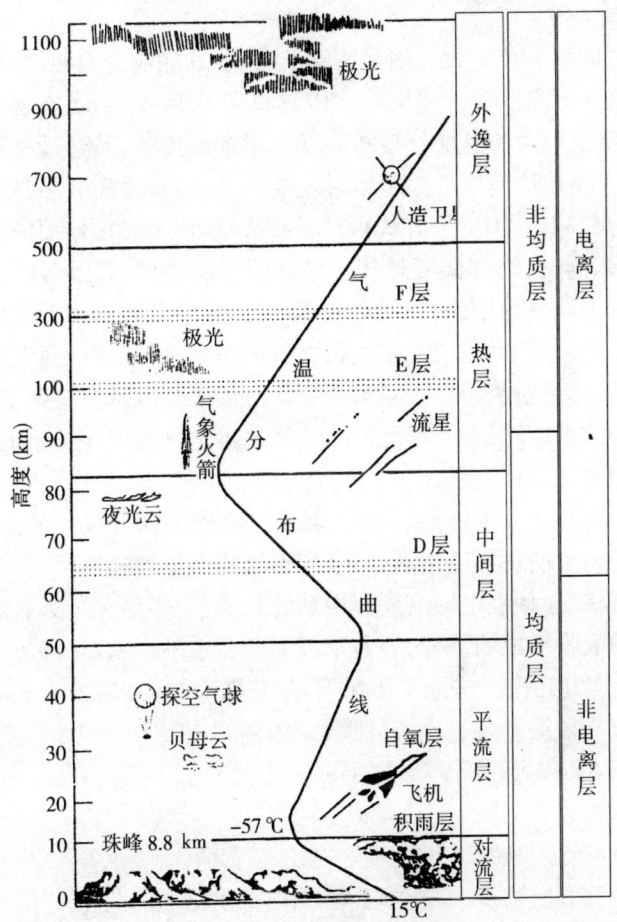

图 1.1 大气圈分层示意图

热力学分层 地球大气的温度不仅在不同地区变化很大,从赤道到极区有着很大的差别,而且在同一地区,随着离开地球表面的距离不同,大气的温度也有明显变化。科学家们根据大气温度随高度的分布特点,将大气圈由地面向上分成对流层、平流层、中间层、热层。在热层之上,中性分子有向星际空间逃逸的现象,常称为外逸层。

对流层 位于大气圈最下部的层次,其底与地面相接。对流层厚度在赤道约 17~18 km,在中纬度平均约 12 km,在极地约 8 km。对流层内的温度一般随高度的增加而递减,其递减率平均约 6.5℃/km。这是由于太阳辐射主要加热地面,地面的热量通过传导、对流、湍流、辐射等方式再传递给大气,因而接近地面的大气温度较高,同时,空气温度随气压降低而下降,故远离地面的大气温度较低。对流层中湍流、对流从不停止,大多数的云和天气系统均发生在这一层。对流层同平流层之间的过渡区,厚度约几百米至一两公里,称为对流层顶。对流层顶附近温度递减率发生突变,或随高度增加温度降低的程度变小,或随高度增加温度保持不变,或随高度增加温度稍有增高。

平流层 从对流层顶至约 50 km 高度的大气层。平流层内,温度随高度的增加而增高,下半部温度随高度增高得少,上半部则增高得多。这种温度随高度而增加的特征,主要是大气臭氧对紫外辐射的吸收形成的。平流层内空气大多作水平运动,对流活动十分微弱。大气污染物进入平流层后,能长期存在,如在 20 km 高度上曾发现有硫酸盐层。在高纬度地区,冬季在 20~30 km 高度上有珠母云(又称贝母云),平流层顶位于离地面 50~55 km 处,那里的温度约达 271 K。

中间层 从平流层顶至 85 km 左右的大气层。在中间层,一则由于臭氧已稀少,二则由于氮、氧等气体所能直接吸收的波长更短的太阳辐射,大部分已被上层大气吸收,中间层内温度类似于对流层的情况,随高度的增加而迅速递减,中间层内有相当强烈的铅直对流,中间层顶距地表 80~85 km,该处年平均温度约 190 K,有时出现夜光云。

热层 从中间层顶至 250 km(太阳宁静期)或 500 km 左右(太阳活动期)的大气层。热层大气由直接吸收太阳辐射而获得能量,温度随高度的增加而增高。在太阳宁静期的夜里,温度约为

500 K 左右；在太阳活动期的白天,温度可达 2000 K 左右。通常将温度不再随高度的增加而增高的起始高度称热层顶,在太阳宁静期此高度约为 250 km,在太阳活动期此高度可增至 500 km 左右。

外逸层 一般指距地表 500 km 以上的大气区域。外逸层大气十分稀薄,大气粒子很少互相碰撞,中性粒子基本上按抛物线轨迹运动,有些速度较大的中性粒子,能克服地球引力而逸入星际空间。

电离状态分层 根据大气的电离特性,大气圈可分成中性层、电离层和磁层。

中性层 指地表至 60 km 左右的大气层。大气的中性层由不带电的中性气体组成。在特殊情况下(如雷暴时),中性层大气中局部也会有较多的带电粒子。

电离层 指 60 km 到 500 或 1000 km 的大气层,在这一高度范围内,很多气体分子由于吸收了太阳 X 射线和紫外辐射而被电离形成电离层。习惯上按电子密度的大小,常把电离层自下而上分成 D 层(60～90 km)、E 层(90～140 km)和 F 层(140～500 或 1000 km)。各层的高度、厚度和电子密度随昼夜、季节、太阳活动而变化。1000 km 以上,也存在电子和离子,但数密度已很小,分布也极不均匀。电离层能反射无线电波,对电波通信很重要。

磁层 地球磁层始于地表以上 500～1000 km 处,向空间延伸到磁层边缘。太阳风动能密度和地磁场能密度相平衡的曲面,就是地球磁层的边界,称磁层顶。朝太阳一侧的磁层顶离地心约 8～11 个地球半径,太阳激烈活动时,被突然增强的太阳风压缩至 5～7 个地球半径。背太阳一侧,因太阳风不能对地磁场施以任何有效的压力,磁层在空间可以延伸到几百个甚至一千个地球半径以外,形成一个磁尾。磁层顶通常被称为地球大气的上界。

光化学分层 距地表约 20～110 km 的大气层。在这一层次中太阳紫外辐射能使大气分子产生光解或光电离等作用,另一方面,被分解或电离的物质在一定条件下又能互相发生化学反应,因此,这层大气被称为光化层。

大气组分分层 前面已经提到,大气中的气体组分不是一成不变的,它们在大气中所占的体积比随着离开地球表面高度的增加也会发生变化。科学家们根据大气成分随高度的这种变化将地球大气分为匀质层和非匀质层。长期的研究结果表明,在 85~100 km 高度以下的大气层中,由于大气环流以及大气中的对流、湍流等活动相对很强,其结果使大气混合相对均匀,大气中各种气体组分所占大气总体积的份数变化很小,因此被称为均质层大气。而在约 100 km 以上的高层大气中,气体的分子扩散作用逐渐超过在低层大气中对各类气体分布起决定作用的大气湍流扩散作用。因此,在这层大气中,气体组分的分布主要由气体分子本身的扩散作用决定,重力作用会使较重的气体在下,较轻的气体在上,其结果会使这层大气中不同气体成分所占大气总体积的份数发生较大变化,因此,这层大气被称为非均质大气。一般来讲,85~100 km 被认为是大气成分由均质层向非均质层过渡的高度。

图 1.1 显示,大气臭氧层基本上是位于大气平流层中的一个高浓度臭氧层次,在这一个层次中集中了地球大气中臭氧含量的 90% 以上。目前人们谈论的所谓"大气臭氧破坏"、"大气臭氧减少"以及"大气臭氧耗损"等都是指发生在这一层次中的臭氧浓度减小这一基本状况。

谈到大气中的臭氧层,一个十分有意思的问题是为什么地球大气中的臭氧绝大部分都集中在 10~50 km 高度范围内而形成一个特殊的臭氧层次,而不是像大气中的其他气体那样相对均匀地分布在大气层的各个高度上(如 O_2,N_2,CO_2 等)或主要集中在低层大气(如 H_2O 及多种污染气体等)。这实际上是一个很复杂的科学问题,它涉及到大气中臭氧形成和消失的很多复杂过程,科学家们经过很长时间的研究才得到了对这一现象的正确解释。

臭氧分子中含有了 3 个氧原子,根据分子形成理论,臭氧分子只有在氧分子(O_2)和氧原子(O)发生碰撞时才能在大气中形成。

地球大气中的氧分子很丰富,而且在85～100 km以下的大气中,由于受到大气环流、大气中的对流、湍流活动等过程的影响,氧气所占大气总体积的份数变化很小,只有在这个高度以上,大气中的氧分子才开始离解。可见大气臭氧形成过程中关键是氧原子的存在。科学家们经过研究发现,大气中的氧原子来自于氧分子的分解,而且这种分解所需要的能量约为5.115 eV,这种分解氧分子的能量来自太阳。研究表明,大气中的氧分子吸收一定波长范围的太阳辐射,获得足够的能量使正常状态的氧分子分解成氧原子,随后,氧分子再和氧原子结合生成臭氧分子。在氧分子分解并形成臭氧分子的同时,臭氧分子也吸收太阳辐射而导致其分解,其所需要的能量约为1.09 eV。同时,分解出来的氧原子会和臭氧分子再反应而使臭氧遭到破坏。这就是说,在臭氧形成过程的同时,也发生着臭氧破坏的过程。这两类过程都是相当复杂的光化学过程,它们的相对强弱和平衡最终决定着大气中臭氧含量的多寡。综上所述,臭氧在大气中生成和破坏的最基本的光化学过程可表示为:

$$O_2 + h\upsilon \rightarrow O + O \text{(氧分子分解)}$$
$$O + O_2 + M \rightarrow O_3 + M \text{(臭氧分子形成)}$$
$$O_3 + HO \rightarrow O + O_2 \text{(臭氧分子分解)}$$
$$O + O_3 \rightarrow 2O_2 \text{(臭氧分子破坏)}$$

在臭氧分子形成中,M表示第三体,它不参与反应,只起着平衡收能量的作用。当然涉及到大气中臭氧生消的光化学过程还很多。上述四种过程只是臭氧生消过程的最简单、最基本的概念描述。研究表明,这种发生在大气高层的臭氧形成和破坏过程与那个高度的大气压力、温度以及氧分子的浓度、其他组分浓度、太阳辐射强度等有着密切关系。总体而言,在低层大气中,由于太阳辐射能的减弱,氧分子的分解速度很小,没有足够的氧原子存在,因此不能形成足够多的臭氧分子。另一方面,在较高的大气层中,虽然有足够的太阳辐射能,但是由于大气密度随高度迅速减小,氧分子浓度很小,因此也不能形成足够多的臭氧分子。这就是说,在大气中的某一高度上应该出现臭氧浓度的极大值。科学家们的详细计算结果表明,这个臭氧浓度极大值应出现在 20～25 km 高度范围内,在这个高度层次以上和以下,大气中臭氧的浓度都会迅速下降。这就是为什么在 10～50 km 高度范围内形成大气臭氧层,而且其最大浓度值通常出现在 20～25 km 高度范围内的原因。

大气臭氧层和大气平流层

大气层中的氧分子由于吸收来自太阳的紫外线辐射而被分解成氧原子,这些游离的氧原子迅速地与周围的氧分子相结合而形成臭氧,这些臭氧分子聚集起来并在离地球表面 10～50 km 高度之间形成独特的层次,被称为大气臭氧层。地球大气中的臭氧含量大约有 90% 集中在这个臭氧层中。大气中的臭氧含量只占大气的百万分之几,其平均密度约为 0.9×10^{-10} g/cm³,臭氧层中臭氧的最大密度也不过为 1.5～6.0 g/cm³。如果把地球大气中所有臭氧集中在地球表面上,在标准状况下(一个大气压,温度为 0℃)它只形成约 3 mm 厚的一层气体,其总重量约为 30×10^8 吨。尽管臭氧层在保护人类生存方面有着重要作用,但长期以来它只是少数科学家们的研究对象。直到 20 世纪 80 年代,科学家们发现大气中的臭氧层在逐渐变薄,并在有些地区出现了臭氧洞,对人类自身的生存构成了威胁,从而才引起了世界各国政府和人民的普遍关注,并构成了当今人类面临的重大全球环境问题之一。

图 1.1 显示,大气中的臭氧层基本上处于大气的平流层范围内,臭氧是大气平流层的重要气体组分。大气臭氧对太阳辐射有着很强的吸收作用(见"地球生灵的天然保护伞"一节),同时也能吸收来自太阳、地面和大气本身的红外辐射,其结果会导致对平流层结构和运动的重要影响。太阳辐射中波长短于 2900 Å 的能量约占太阳总辐射能的 0.8%,这部分能量几乎全部被大气中的臭氧层所吸收。这些被臭氧分子吸收的能量一部分用来使臭氧分

子本身分解，另一部分则用于对氧分子和氧原子进行激发和能量传递，其结果使相当一部分能量在传递和分子碰撞过程中转化为热能。顺便指出，前节提到的大气臭氧分子形成（$O+O_2 \rightarrow O_3+M$）和臭氧分子破坏（$O+O_3 \rightarrow 2O_2$），两组反应均属热化学反应，在反应过程中都会释放出大量热量进入大气。研究表明，在平流层中的大气臭氧所吸收的全部能量几乎都用于大气的增温。这也就是说，处在平流层中的大气臭氧所吸收的辐射能变成了平流层的主要热源。可见臭氧吸收的太阳紫外辐射能，对大气平流层辐射平衡和温度结构会产生重要影响。这样，平流层中的大气臭氧，一方面吸收太阳紫外辐射和可见光辐射，使大气加热，另一方面又放出红外辐射使大气冷却。很多研究结果表明，在平流层中大气臭氧的加热率是它的冷却率的10倍之多。因此，臭氧对太阳紫外辐射能的吸收最终导致平流层大气增温，而且臭氧密度与空气密度之比越大，这种增温效应也越大，其结果使得平流层顶部的温度达到了极大值（见图1.1）。尽管影响平流层热状态的因素很多，但到目前为止，人们还是用臭氧增温来解释平流层中大气温度随高度增加这一基本现象。

图1.2给出了从地面至80 km高度范围内大气臭氧浓度（a）和大气温度（b）随高度变化的廓线。可以明显看到，在对流层中臭氧浓度随高度一般呈下降趋势，而进入平流层，臭氧浓度急剧增加并在平流层中下部达到其最大值。之后大气中的臭氧浓度又迅速降低，在中间层，大气中的臭氧浓度已很低了。与此同时，气温在对流层中亦随高度而下降，而在平流层中，气温则随高度而上升至平流层顶。进入中间层气温也急速下降。

由于大气臭氧浓度在地球大气中时空分布的不均匀性，同时也由于大气中影响臭氧生成和消失的各类环境因子（如太阳辐射，气压，温度，湿度等）的差异，因此，由臭氧引起的平流层加热也会有很大的不均匀性。也就是说，臭氧产生的辐射增温会在平流层中造成很大的温度水平梯度。这种温度的水平梯度进而会导

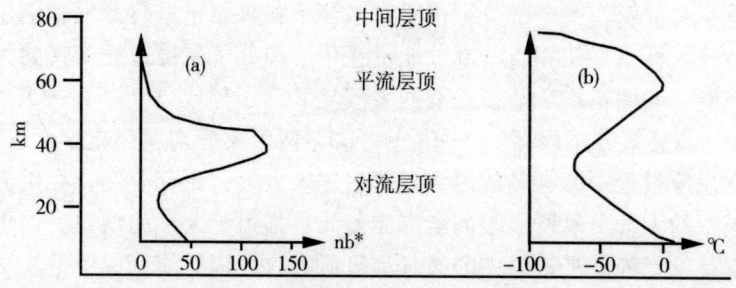

图 1.2　0～80 km 范围内臭氧浓度（a）和大气温度（b）随高度的变化

致平流层大气动力学的变化,会直接影响平流层的大气环流状况。对平流层不同高度和不同季节的温度场的分析结果显示,平流层中,夏季半球的中纬度地区有较大的温度梯度存在,因此,夏季风的偏东风分量随高度增加很快。而在冬季半球,高纬地区温度梯度明显增大,导致西风随高度增加很快。夏季半球和冬季半球的这种风的变化构成了平流层乃至中层的基本环流形势,即冬半球为西风环流,夏半球为东风环流,而且无论西风和东风,在平流层范围内都是随高度的增加而增强。在赤道附近上空,发生东西风的交替并存在着准两年的周期变化,被称为准两年振荡（英文字头缩写为 QBO）。

应当特别指出的是,尽管平流层的热状态在很大程度上决定于大气臭氧对太阳紫外辐射吸收获得的能量,而且大气臭氧的加热效应会直接影响到平流层的动力过程,但它不是形成平流层环流格局的唯一因素。平流层环流是一个很复杂的问题,而且在平流层下部,正是平流层环流改变着大气中臭氧的分布,可见平流层环流与大气臭氧分布之间相互影响,这也正是臭氧动力学家和动力气象学家们研究的课题。

---

*　1 nb＝10^{-4}Pa

地球生灵的天然保护伞

太阳和太阳紫外线

太阳是一个直径约 139 万 km 的气质高温球体,和地球相比,太阳的直径是地球的 109.05 倍,表面积是地球的 11918 倍,体积是地球的 130 万倍,质量约是地球的 33 万倍,但太阳的密度仅为地球的四分之一左右。按其结构特征可将太阳分为若干层次。它的中心部分是一个处于剧烈核反应、温度高达 1500 万度的区域,根据目前所知,这是维持太阳强大辐射能的源泉。在这一高温区域之外是宽广的辐射区和对流层;再向外,则是我们能直接观测到的太阳大气层,它们依次为光球、色球和日冕。组成光球、色球和日冕的气体主要是氢和氦,此外还有少量铁、硅、碳等较重元素。

光球层是一个厚度约 500 km 的气层,通常被称为太阳表面。太阳表面的平均温度约 6000 K。相对于色球和日冕,光球的密度最大(为地球表面大气密度的千分之一),我们接收到的太阳辐射能,基本上是光球发出的。

色球和日冕是闪光的并且几乎是透明的气体层,被称为太阳大气。色球由光球层顶一直延伸到 12000～14000 km 的高度。光球和色球的交界处是一个低温层,其温度只有 4000 多度。色球层内的温度随高度的增加而上升,到色球顶部达几万度。色球是一个充满磁场的等离子体层,由于磁场的不稳定性常产生剧烈的耀斑爆发,同时还发射大量的远紫外辐射、X 射线和高能粒子流。这些辐射对日地空间和地球高层大气影响较大。日冕是太阳大气的最外层,其厚度可达数百万公里。太阳风(太阳外层大气不断发射的稳定粒子流)就发生在这一层。由日冕光谱分析得知,这层大气的温度约为 1 000 000 K。

太阳辐射和太阳辐射能的变化取决于太阳大气的状态。由于组成太阳的气体始终处于不断地剧烈运动的状态,这就造成了太阳大气各层内明显的不均匀性和一系列复杂的扰动过程。这些扰动现象的总和被称为太阳活动,它主要包括太阳黑子、耀斑、谱斑、日珥和日冕状态的变化等。太阳表面的平均温度约为 6000 K,我们在地球上接收到的太阳辐射能基本上是来自太阳表面。太阳辐射是地-气系统,乃至地壳表层中各种运动赖以发生、发展的主要能量源泉。地-气系统每年接收到来自太阳的辐射能量约为 5.5×10^{24} J(焦耳)(或 1.53×10^{18} kW·h),这约占太阳总辐射能的 20 亿分之一。这个能量相当于人类所有能源全年产能总和的 2.7 万倍。按照辐射学的基本定律,太阳是一个温度为 6000 K 的辐射源,因此,虽然太阳的辐射能量分布在从 X 射线到无线电波的整个电磁波谱区内,但 99.9%以上的能量集中在 $0.2\sim 10.0$ μm(μm,微米,长度单位,$1\ \mu m = 10^{-6}$ m)波段内,最大辐射能量位于波长 $0.480\ \mu m$ 处。太阳辐射能量随辐射波长的变化称为太阳辐射光谱。分布在紫外波段(波长小于 $0.40\ \mu m$),可见光波段(波长 $0.40\sim 0.76\ \mu m$)和红外波段(波长大于 $0.76\ \mu m$)的能量分别约占太阳总辐射能量的 9%,44%和 47%。太阳辐射进入到地球大气之后,要经历复杂的吸收、反散和散射过程,因此在地球表面获得的太阳辐射不仅其能量大大减弱,而且辐射谱也发生畸变,并随实际大气状况和辐射通过的大气路径长短而变化。和地球大气外界相比,在地面接收到的太阳辐射光谱中最大辐射能量所对应的波长明显移向长波方向,并且由于大气中臭氧的吸收,波长小于 $0.29\ \mu m$ 的太阳辐射在地面已无法观测到。图 1.3 是太阳辐射光谱图,图中同时给出了在地球表面获得的经大气减弱之后的太阳辐射光谱图,阴影部分表示大气中各种成分对太阳辐射能的减弱。图中 1 和 2 分别表示哈特莱带和赫根斯带的边缘,3 表示夏皮尤带的吸收。

太阳辐射能通常用 W/m^2 来量度。到达地球大气上界的太阳辐射能量十分稳定少变,故称作太阳常数。太阳常数规定为在日地平均距离时,和太阳光垂直的大气上界单位面积单位时间所接收

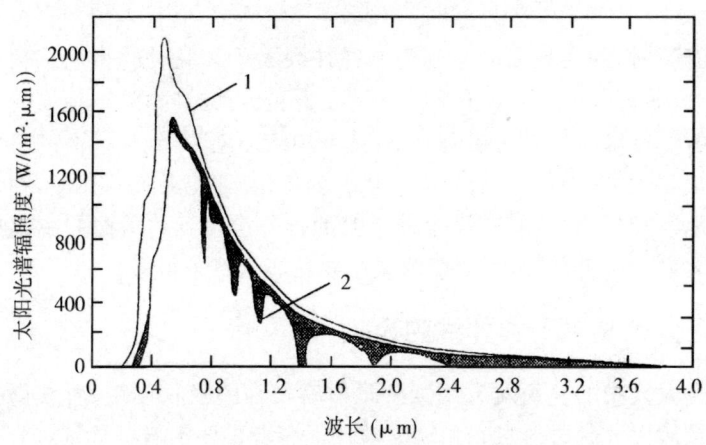

图 1.3 太阳辐射光谱图
曲线 1 为大气顶的情况,曲线 2 为经大气衰减后在海平面的情况,
阴影区表示各种大气成分的减弱量

到的所有波长的太阳辐射总能量,这个数值约等于 1376 ± 7 W/m^2。

气象工作者通常将太阳辐射称为短波辐射,这是一个为区分地球表面和低层大气辐射的相对提法。太阳辐射(相当于温度为 6000 K 的黑体辐射)最大辐射能量对应的波长约为 $0.5~\mu m$,而地球表面和低层大气(相当于温度为 300 K 的黑体)辐射的最大能量所对应的波长约为 $10~\mu m$。因此后者亦被称为长波辐射。

人们在地球表面得到的短波辐射能量实际上包括两部分,一部分是穿过地球大气直接来自太阳的短波辐射,另一部分是经大气中的各类颗粒物、云等质点的散射后到达地面的太阳短波辐射,前者称为直接短波辐射,后者称为散射短波辐射,二者之和称为总短波辐射,简称太阳总辐射。

大气中的云对到达地面的总辐射通量影响极大,但这种影响过程非常复杂,云的存在既可以使总辐射量减少,也可以使其增加,一般取决于云量的多少。当天空云量不多,而且太阳面未被云所遮蔽时,到达地面的总辐射量往往会大于碧空时的相应总辐射量值。而当全部天空都有云或太阳正好被云遮挡时,到达地面的总辐射量要比碧空时的相应值小。就平均状态而言,到达地面的总辐射量与大气中的平均云量成反比。因此,与碧空条件相比较,在任何地点和任何时间,布满全部天空的云都会使到达地面的总辐射量大大减小,低云对总辐射的减小要比高云显著得多。

大气臭氧对紫外线的吸收

大气中的臭氧对太阳紫外辐射有很强的吸收作用,所获得的能量对大气高层热状态和动力学过程有着重要影响。臭氧对紫外辐射的吸收基于其分子结构。根据分子光谱学的基本原理,对于大气中具有吸收能力的气体分子来讲,当它们吸收能量时,便会根据能量的大小使电子发生不同能级的跃迁,这种跃迁是量子化的,其结果会产生相应的电子、振动和转动光谱,较大的能量改变对应于电子能级,较小的能量改变对应于振动或转动能级,而较大的能量改变对应于较高的辐射频率(如紫外波段),而相对较小的能量改变则对应于较低的辐射频率(如可见光波、红外和远红外波段等)。大气臭氧对太阳辐射的吸收主要发生在紫外波段。大量的研究结果已经证实,臭氧对太阳紫外辐射的吸收具有很强的波长选择性,即其吸收强度随波长的不同有很大幅度的变化。图1.4给出了臭氧在紫外波区的吸收特征。可以发现,臭氧在紫外波区有两个很强的吸收带,即哈特莱(Hartley)吸收带和赫根斯(Huggins)吸收带。

哈特莱吸收带的波长范围为1800~3400 Å,其中心波长为2553 Å。赫根斯吸收带的波长范围为3200~3660 Å,其中心波长为3439 Å。这两个吸收带,前者的长波端和后者的短波端相重叠。但哈特莱带的吸收强度远远大于赫根斯带的吸收强度,就各自带中心波长处的吸收系数而言,前者是后者的约几千倍。臭氧的哈特莱

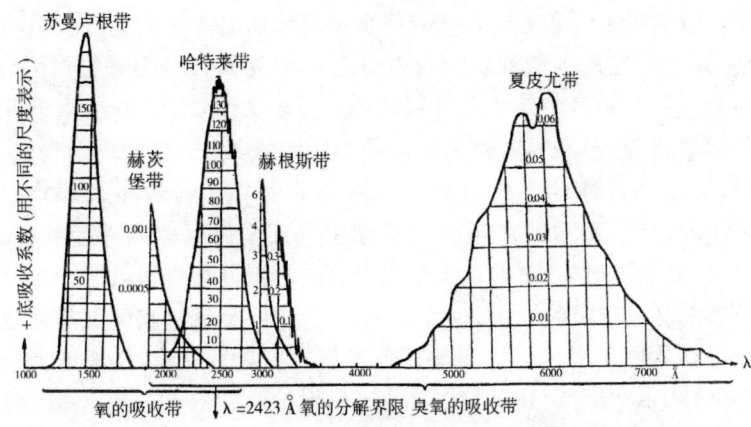

图 1.4 臭氧对太阳紫外辐射的吸收

吸收带和赫根斯吸收带均由电子跃迁而产生,科学家们的实验结果表明,它们的吸收系数基本上不随压力而变化。臭氧在紫外波段的吸收性能为利用太阳光谱测量大气中的臭氧含量奠定了科学基础。

臭氧层保护着地球上的生灵

科学家们所提供的大量研究结果证实,地球是太阳系中唯一有生命存在的星球,只有地球及其周围大气层能够向生灵提供相对稳定的生存环境。

大气臭氧层在维护人类正常生存环境方面起着重要作用,其中最主要的是它可以吸收掉对地球上生灵有危害的紫外辐射。大量研究结果表明,到达地球表面的太阳辐射能量的百分之四左右会被大气中的臭氧吸收掉,也就是说,平均每一昼夜,大气中的臭氧可吸收约 6×10^{27} J 的太阳辐射能。科学家们证实,太阳作为一个强大的辐射源向周围发射各种波长的电磁波辐射,包括人们经常提到的紫外辐射、可见光辐射、红外辐射、微波辐射等等。其中 200~280 nm 的紫外辐射称为 UV-C(紫外 C),可以杀死地球上的一切生灵,包括人类本身,波长为 280~320 nm 的太阳辐射称为

UV-B(紫外B),它可以杀死或严重损伤地球上的生灵。可庆幸的是,大气上空最大浓度仅为百万分之几的臭氧层却能够将 UV-C 的全部和 UV-B 的绝大部分吸收掉。波长大于 320 nm 的太阳紫外辐射称为 UV-A(紫外 A),臭氧只能吸收其中的一小部分。这样,真正到达地球表面的只有小部分的 UV-B 辐射和大部分的 UV-A 辐射,而 UV-A 辐射对地球生灵几乎没有什么直接危害。可见,太阳辐射中,对地球上生命有害的那部分紫外辐射绝大部分被大气臭氧层吸收掉了,也就是说,大气中的臭氧层实际上是地球上一切生命免受过量太阳紫外辐射伤害的天然屏障,是地球上一切生命免受有害紫外辐射伤害的天然保护伞。图 1.5 是臭氧这种屏障的示意图。

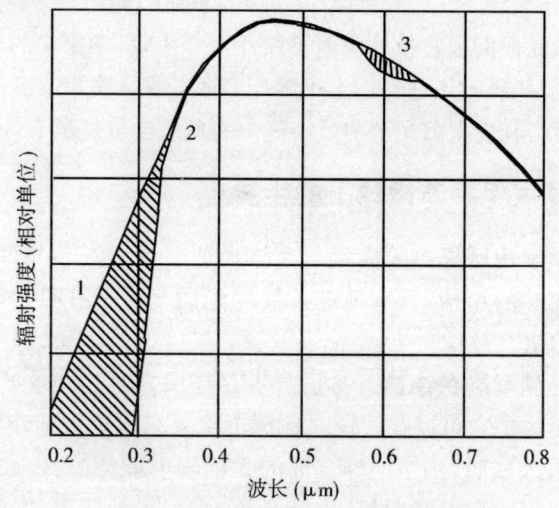

图 1.5 臭氧的屏障作用示意图
(图中阴影部分表示被臭氧吸收)

正是由于大气臭氧层的存在,才使地球上的一切生命,包括人类本身得以正常的生存和世代繁衍。因此,可以毫不夸大地说,地球上的一切生命像离不开水和氧气一样离不开臭氧,如果地球大气中没有臭氧层,那么地球上也就不会有生命存在。可见,如果大气臭氧层受到破坏,其"屏障"和"保护"作用就会减弱,人类的生存就会受到威胁。这就是当前人们对大气臭氧层变化给予极大关注的根本原因。

臭氧在大气中的分布和变化

地球大气中的臭氧并不像氧气、氮气那样比较均匀地分布在大气中,大气中的臭氧有着较大的时空变化。为此,科学家们常用臭氧总量和臭氧垂直分布的变化来描述大气臭氧的全球分布状况及其变化。

大气中的臭氧总量及其变化

大气中的臭氧总量是指某地区单位面积上空整层大气柱中所含臭氧的总量,有时亦称臭氧柱总量。这个臭氧总量通常是用厚度(cm)来表示,其定义是:假定整层大气柱中所含的全部臭氧集中起来形成一个纯臭氧层,在标准状况下(即一个大气压,温度为0℃),这个纯臭氧层的厚度即为大气臭氧总量的量度,其基本单位是"大气厘米",一个大气厘米即表示这个纯臭氧层在标准状况下的厚度为1 cm。一般情况下,大气中臭氧总量的变化范围在0.1~0.5大气厘米之间。在很多文献中,人们还使用陶普生单位(简写为DU)作为量度大气中臭氧总量的单位,这是一个为纪念英国科学家Dobson(他于1929年研制成功了陶普生臭氧观测仪,这一仪器一直延用到现在)而使用的臭氧量度单位。一个陶普生单位(即1 DU)相当于10^{-3}大气厘米。在日常工作中,人们还使用混合比来作为量度大气中臭氧的单位,即臭氧密度与空气密度之比,并用 $\mu g/g$ 来表示,即1 g空气中所含臭氧的微克数。

大气臭氧的全球分布主要与地理位置和季节有关,总体而言,极大值在地球的两极地区,而极小值在赤道地区。就季节变化而言,大气中的臭氧含量的最大值一般出现在春季,而最低值出现在秋季。但在低纬度地区,最大值和最低值有时分别出现在夏季和冬季。

就全球而言,大气臭氧在南北两半球的分布也不相同,基本上呈非对称性分布。尽管臭氧总量的平均值差别不大,但南半球上空臭氧的季节变化较北半球要小,臭氧极大值区的分布也有较大差别。在南半球,臭氧的最大值出现在 9~11 月份(南半球的春季),其极值中心并不在极区,而一般在南纬 50°~60° 左右。而在北半球,臭氧的春季 3~5 月最大值基本上覆盖在极区上空。

北极上空臭氧高值区一般出现在 3~5 月份,臭氧极大值可达 440~450 DU,而在南极上空高值区通常出现在 10~12 月份,臭氧极大值一般为 380~400 DU,可见,就地球的两极区而言,南极上空臭氧高值区出现的时间要比北极晚两个月左右,且臭氧极大值比北极上空相应的值要低。

图 1.6 是全球臭氧未出现耗损之前(1957 年)根据前苏联臭

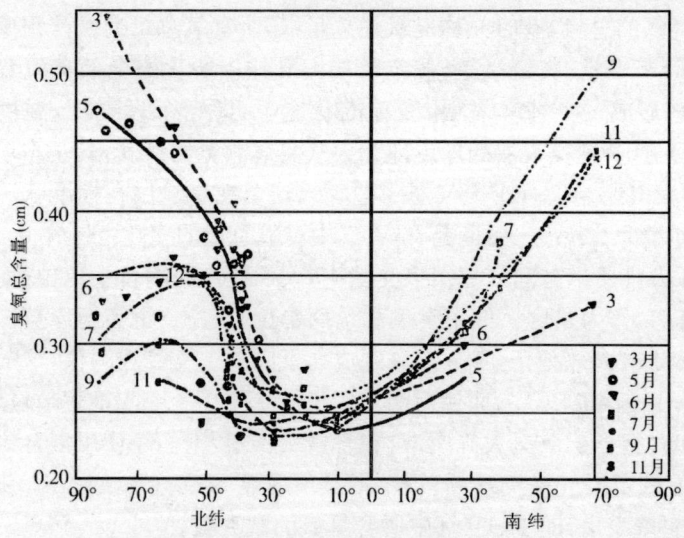

图 1.6 大气臭氧总量随季节和纬度的变化

氧观测资料绘制的大气臭氧总量的变化图。它清楚地表明了大气臭氧总量随季节和纬度的变化特征。

臭氧在地球大气中的分布状况与大气环流以及大气中的其他动力、热力学等过程有密切关系,因此,对某一地区和某一时段来讲,大气臭氧的分布状况与上述提到的平均状况会有较大差别。实际观测资料表明,受天气过程的影响,对于某一地区而言,大气中的臭氧量在1天之内,甚至几小时之内,就可能变化100 DU(陶普生臭氧单位)。正是由于这一原因,科学家们通常根据大气中臭氧的变化来认识和研究相关天气过程的演变,甚至根据臭氧变化资料来判断某一气团的来源并对其路径进行预报。

大气中的臭氧随高度的变化

除了大气中臭氧的总含量之外,人们还非常关心臭氧在大气中随高度是怎样变化的。由于大气中的臭氧绝大部分集中在10~50 km的高层大气中,因此对这一层次大气的物理、化学状态的影响也最大。目前人们所讨论的臭氧层破坏也是指这一层次中的臭氧受到破坏。

长期研究结果表明,大气中臭氧含量随高度的变化是一个很复杂的问题,由于缺乏有效的测量手段,长期以来人们主要是用间接的方法来获得大气臭氧垂直分布的资料。直到20世纪50年代,专门用以测量臭氧垂直分布的光学臭氧探空仪、化学臭氧探空仪、化学发光式臭氧探空仪等先后研制成功并投入测量之后,人们才开始得到大气中臭氧垂直分布的直接测量资料。目前,除了施放臭氧探空仪外,人们还利用施放火箭、气球以及卫星等手段获得大气臭氧垂直分布的资料,人们对臭氧在大气中随高度的分布及其变化特征也有了更多的了解。但应当指出,目前人们用以直接探测臭氧垂直分布的手段还很不完善,费用相对也较昂贵,测量站点也远远不够,人们正在努力建立包括地基和空基在内的臭氧立体观测系统以便获得臭氧垂直分布的更多资料。就平均状态而言,在地球大气的对流层中,臭氧浓度随高度上升而下降,进入平流层(从对流层顶至 50 km 左右),臭氧浓度开始是随高度上升而增加,然后是随高度上升而减少。大气中臭氧浓度的最高值一般出现在 22 m 高度左右大气中的臭氧绝大部分集中在 10~25 km 高度范围内(见图 1.2),这个高值区及其出现高度主要是由于臭氧生成和破坏的光化学平衡决定的。根据大气臭氧生成和破坏的理论,大气中臭氧生成的必要条件是原子氧的存在,而实际大气中分解氧分子生成氧原子所需的能量(约 5.115 V)来自太阳辐射。在较高的大气层中(如 50 km 以上)尽管氧分子的分解速度较大,但由于大气密度小和相应的氧分子浓度低,大气中的臭氧浓度仍会很低。而在对流层,尽管氧分子浓度高,但却由于氧分子分解速度非常小(10 km 处的氧分子分解速度比 50 km 处的氧分子分解速度约小 10 万倍),因此,对流层中的臭氧浓度也很低。这就是说,大气中臭氧的浓度应该在某一个高度上有极大值,这就是为什么在地球大气的平流层中部形成一个高浓度臭氧层的原因所在。实际上,大气臭氧的垂直分布会与上述平均状态有较大的差异。随着季节和地区的不同,臭氧的垂直分布及其结构特征也会有很大的变化。为此,科学工作者们根据实际观测资料将大气臭氧的垂直分布粗略地划分为 4 个类型,分别称 A 型、B 型、C 型和 D 型。

A 型,也称热带型,常见于赤道地区和南北纬 30° 之间的地区上空。这种分布类型结构比较简单,一般为单峰结构(即出现一个臭氧极大值),高值区通常在 24~28 km 高度范围内,臭氧分压极大值一般不超过 20 mPa[*],臭氧浓度极大值出现的高度平均约为 27 km,所对应的臭氧总含量一般在 260 DU 左右。

B 型,也称温带型,常见于中纬度地区上空,臭氧高值区一般在 18~22 km 高度范围内,臭氧分压极大值一般在 22 mPa 左右,其出现的高度平均为 21 km 左右。这种类型相对应的臭氧总含量

---

[*] 1 mPa=10 nb

也较 A 型大得多,一般为 340 DU 左右。

C 型,也称极地型,是高纬度地区臭氧垂直分布类型,这一类型的特点是高值区出现的高度低,一般在 13~16 km 范围内,而臭氧分压最大值可达 30 mPa,相应的臭氧总量也较大,经常是大于 400 DU。

D 型,也称混合型,这是一种结构很复杂的臭氧垂直分布类型,多出现于极区上空,有时也出现于中纬度地区上空。这种类型中往往是同时有多个臭氧高值区出现,通常是在 20 km 高度附近出现臭氧浓度第一极大值(有时可达 30 mPa),同时在 15 km 高度附近出现第二极大值(也可达 30 mPa)。这一分布类型的主要特征是多层次结构明显,所对应的臭氧总含量大(可达 500 DU 以上)。

图 1.7 是根据位于不同纬度的 4 个站的观测资料得到的大气中臭氧垂直分布廓线,在图中这 4 个站分别是:亥洛站(19°N)……、博尔德站(40°N)- - -、艾德曼顿站(53°N)——和阿列尔特站(83°N)—··,可以发现上述 4 种类型分布的特征。

图 1.8 是中国研究人员获得的北京地区上空大气臭氧垂直分布的廓线,这是一个典型的温带型臭氧分布廓线。

以上简单讨论表明,总体而言,赤道地区上空臭氧总含量相对较低,臭氧极大值也相对偏低,但极大值出现的高度较高,臭氧垂直分布廓线结构也较简单。在极区上空,臭氧总含量最高,相应的臭氧极大值也很大,但极大值出现的高度最低,臭氧垂直分布廓线一般呈多峰复杂结构。中纬度地区上空的臭氧随高度分布一般介于上述两者之间。大气中的臭氧浓度随高度的分布有着明显的季节变化和日变化,但这种变化在低纬度地区表现得很弱,而随着纬度的增高,这种变化的幅度也越来越大。

尽管大气中臭氧随高度的分布呈现出多种类型,但总的分布特征是:在对流层臭氧浓度随高度增加而减小,在平流层下部臭氧浓度随高度增加而迅速增加,并在 20~25 km 高度范围内达到臭氧浓度最大值后,臭氧浓度随高度增加而急剧减小,到平流层顶

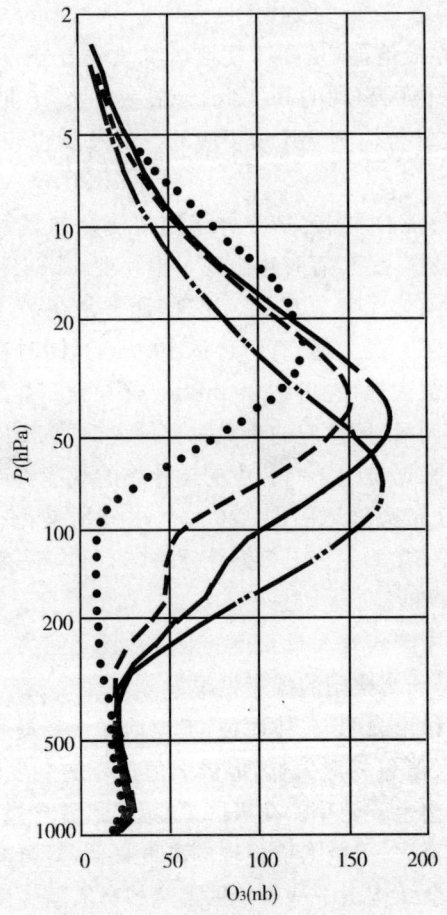

图 1.7 大气中臭氧垂直分布示意图

(约50 km左右)高度,大气臭氧的含量已很少了(见图1.2)。大气臭氧垂直分布廓线中值得特别注意的是从对流层到平流层的变化过程中,从某一高度开始,臭氧浓度的垂直梯度发生突变式的增加(见图1.7和图1.8),气象工作者将这个高度称为臭氧层顶。臭氧层顶的高度在不同地区和不同季节有着很大变化并且和对流层顶

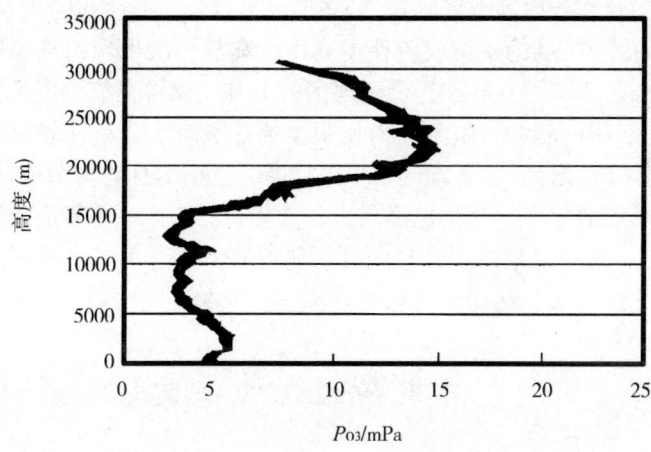

图 1.8 北京地区上空的臭氧垂直分布廓线（2001 年 11 月 16 日）

的高度有着密切关系。在中高纬地区，臭氧层顶通常位于对流层顶下方，而在赤道地区上空，臭氧层顶通常位于对流层顶上方。这就是说，和对流层顶一样，臭氧层顶也是一个不连续的斜面，在副热带地区上空存在着臭氧层顶的断裂。研究还表明，对流层顶和臭氧层顶之间的距离平均在 0 到 2 km 之间，而且随季节变化而变化，即冬春两者相距较远，夏季两者的高度接近，这显然与该季节中大气的环流，尤其是垂直环流有关。

臭氧时空变化的缘由

大气臭氧在全球范围内的分布特征以及所表现出来的明显的时空变化，主要是由平流层光化学平衡理论和大气环流特征来决定的。平流层的光化学过程导致了平流层中部高浓度臭氧层次的存在，而大气环流则决定了大气臭氧在全球分布特征和时空变化特征。由光化学过程在赤道地区上空平流层中部产生的高浓度臭氧，被大气的极向环流和大尺度混合过程输送到高纬度地区上空，由于这种环流在冬春季节表现尤为强烈，因此出现了高纬度地区上空冬春季节的高浓度臭氧值,并形成臭氧分布的明显径向梯度。同时,由于极区的下沉气流使得高浓度臭氧层次出现的高度随纬度增加而下降。与此同时,赤道地区的上升气流将臭氧浓度很低的低层大气补充到平流层中部,使那里的臭氧浓度降低并将臭氧高值区抬升。当然,由于大气中不同尺度的运动本身的复杂性,使得大气臭氧的分布和变化也呈现出非常复杂的图像。多年的研究结果(尤其是对卫星观测资料的分析研究)还表明,大气中臭氧的时空变化还与太阳活动有密切关系。

大气臭氧和天气气候变化

臭氧是一种温室气体

大气臭氧不仅可以吸收紫外辐射,而且在红外波区有很多吸收带,这就是说大气臭氧对来自地表和低层大气的红外辐射产生吸收而导致温室效应。因此,大气中的臭氧也是一种温室气体。大气臭氧在红外波区有三个很强的振动——转动吸收带,其中心位置分别为 $4.75\ \mu m$,$9.6\ \mu m$ 和 $14.1\ \mu m$,其中位于 $9.6\ \mu m$ 的吸收带最强。此外,还有一些较弱的吸收带,它们的中心波长约分别位于 $3.28\ \mu m$,$3.57\ \mu m$,$5.75\ \mu m$ 和 $9.0\ \mu m$。与臭氧在紫外波区和可见光波区的吸收不同,臭氧在红外波区的吸收带有着比较复杂的结构,吸收带的结构和吸收强度均与温度和压力有关,因此,对臭氧温室效应及其增强的估算是一个很复杂的事。应当指出的是臭氧作为一种温室气体,其重要性主要指的是对流层中的臭氧,其浓度近些年来在全球范围内有增长的趋势。

与其他温室气体一样,大气低层中的臭氧浓度增加会导致其温室效应的增强,进而引起对流层中的温度升高。应当指出的是,在对流层中,大气的温度一方面受到太阳辐射和红外辐射的吸收、发射影响,更重要的是由地球表面向大气的热对流输送。由于包括臭氧在内的温室气体浓度的增加,会有更多的来自地球表面的红外辐射被大气吸收。另一方面,地球表面,在热量平衡的状态下,必须将与其吸收的太阳辐射能相等的能量以红外辐射的形式释放向宇宙空间,但由于大气中温室气体阻碍这种能量释放的能力变强(即由于温室气体浓度增加而导致温室效应增强),因此地表的温度必然会增高。在实际大气中,由于对流层中水汽,二氧化碳等温室气体本身的含量相对较多,因此在这些温室气体浓度增加的情况下,应当会有更多的能量从地面和近地层大气释放到宇宙空间以保证整个地气系统的能量平衡。大气中温室气体浓度的增量越大,大气对来自地表和低层的红外辐射越不透明,向宇宙空间释放能量的大气层就越高。换句话说,大气中温室气体浓度的增加实际上会导致地表和对流层大气温度的上升。目前人们常说的全球变暖就是指平均而言全球范围内地球表面和对流层的气温上升这一现象。应当指出,作为一种温室气体,臭氧变化所产生的气候效应是很复杂的,目前还不能对此做出定量的估计,这一点与大气中其它相对比较均匀分布的温室气体,如二氧化碳、甲烷等有很大不同。评价臭氧变化的气候效应必须首先了解哪一个地区和哪一个高度上的臭氧发生了多大的变化。就目前人们的认识而言,平流层中的臭氧含量在减少,而且这种减少主要发生在高纬度地区,在热带地区实际上没有发现有明显的臭氧变化。这就是说在高纬地区臭氧的温室效应会减弱,而在热带地区上空臭氧的温室效应没有多大变化。在对流层中,观测和模式研究结果显示,自工业革命以来大气中臭氧浓度已增加了大约两倍,这种增加会使其温室效应的增量达到 $0.2 \sim 0.6 \ W/m^2$ 的数值。可见,对流层大气中臭氧浓度的增加是全球变暖的重要贡献者之一。

大气臭氧和天气过程

在确认臭氧为地球大气组分并对大气中的臭氧浓度变化进行观测之后不久,科学家们便发现,大气中的臭氧含量有着很大的时空变化,并且与某些气象要素和天气过程有着密切关系。进一步研究表明,臭氧含量在较大时空尺度范围内的变化在某种程度上反映了大气中不同气团的更替,因此和天气过程的变化直接相关。

根据对分布在全世界各地的臭氧观测站资料分析,人们首先发现了大气中的臭氧含量变化与大气温度、气压等重要气象要素之间的关系。大量的统计研究结果表明,在对流层冷空气气团上空通常是存在着臭氧含量高的平流层气团,而在对流层暖气团上空,则往往是贫臭氧的平流层气团。在平流层的中、下部分,暖气团对应于高的臭氧浓度,而冷气团则对应于低的臭氧浓度。由于大气中臭氧总量的变化在很大程度上取决于 15~25 km 范围内臭氧量的变化,因此,可以认为,大气臭氧的垂直分布特征会与大气温度的垂直分布密切相关。15~25 km 范围内,大气臭氧含量和温度均随纬度增加而增加的观测事实,证明了这种关系的存在并再一次证实大气臭氧在平流层热状态变化中的决定性作用。

认识大气臭氧和天气过程之间关系的最直接的途径就是研究大气中气旋(一种大气中水平气流呈逆时针旋转(北半球)的大型涡旋,属经常发生的天气系统)和反气旋(同气旋,只是呈顺时针旋转(北半球))中臭氧含量的变化。一般情况下,在气旋的前部观测到较低的大气臭氧值,而在气旋的后部会有臭氧含量的急剧上升,因此,在高空脊(在某一高度上的高气压区域)过境时,大气臭氧含量会下降。统计研究结果显示,无论在地面,还是在对流层和平流层下部均发现大气臭氧总量与气压之间的负相关关系,即在某一高度上,低气压对应于高的臭氧含量,也就是(低压)槽里富臭氧,(高压)脊里贫臭氧。在高空,槽和脊是大气中经常存在的天气系统,它们对于分析天气过程的变化有着重要的价值,尤其对于中纬度地区更是这样。由此可见,根据大气臭氧总量的变化在某种程度上可以了解某些天气过程的变化。由于大气中臭氧总量的变化主要表现在 15~25 km 高度范围内的臭氧含量变化,因此,大气中气压场的波动会导致臭氧垂直廓线的变化,其中包括臭氧浓度最大值所在高度的变化。近些年来，在大气臭氧和天气过程研究方面又有了新的进展，其中包括将大气环流按指数和类型进行分类，分别寻求它们与臭氧变化之间的可能关系。与此同时对近地面气压场与臭氧含量之间的关系也进行了重点研究，这方面的研究结果主要表现在下述三个方面。其一，在北半球，在气旋系统中会出现高的臭氧含量，在气旋的后部尤为明显，而在反气旋中，一般出现臭氧低值；其二，在不同天气系统中，臭氧总量的升高和降低值表现出明显的年变化，即气旋中，臭氧量增加的最大幅度出现在春季，最小幅度出现在夏天，而在反气旋中，臭氧的最大减少量发生在冬季，而最小减少量发生在春季；其三，在近地面，不同天气系统过程中的臭氧总量变化主要由高空气压场决定（如高空槽、高空脊、急流等的位置和强度等）。

除了温度和气压之外，在大气臭氧-天气过程研究中还涉及到臭氧与急流（位于对流层上部或平流层中的强而窄的水平气流），臭氧与大气低层的垂直运动等等。这些研究对认识大气臭氧与不同尺度的天气过程之间的关系无疑是很重要的。但是从天气气候变化的角度来讲，人们最关心的还是作为大气平流层和中层热源的臭氧在平流层环流以及全球大气环流中的作用。在目前大气中的臭氧含量出现耗损的形势下，人们很想知道一些重要的大气过程，尤其是平流层中的一些热力和动力过程是否会发生某种程度的变化。

如前所述，按照目前人们对大气中臭氧含量分布特征的认识，在平流层上部和中间层大气中，臭氧的含量主要由臭氧生成和消失的光化学过程来决定，即光化学平衡过程主宰着那里的臭氧含量的多寡及其变化。在平流层的中下部，大气中的臭氧含量及其变化则主要由大气环流过程支配，即不同尺度的水平和垂直的空气运动（包括湍流运动）控制着大气中臭氧浓度的变化。为了对臭氧变化与平流层环流之间的关系有一个定量认识，熟悉大气光化学和臭氧变化的科学家们与从事天气学研究的科学家们共同合作，在已有观测资料的基础上,对平流层中不同高度上的大气环流指数的变化和臭氧量变化进行了综合分析研究,并对在气旋和反气旋天气系统中以及在高空槽和高空脊中水平和垂直运动与臭氧变化关系进行了重点分析。这些研究结果指出,在富有臭氧的高度上(100 hPa 和 50 hPa,约相当于 17 km 和 21 km),气旋中的臭氧含量比反气旋中的臭氧含量分别高出 3.6 倍和 1.2 倍。同时得出结论,在平流层中,对于大气中臭氧分布最有影响的是 100 hPa 高度附近的大气环流。

大气臭氧和气候变化

这是一个很复杂,而且有着很多不确定性的科学问题,已有很多学者专门从事这方面的研究。前面已经提到,大气臭氧层的存在直接影响着大气平流层的温度结构和环流形势,实际上大气臭氧在平流层中有两个不同的作用。其一是由于臭氧强烈吸收太阳紫外辐射能而成为平流层的主要热源,导致平流层增温。其二是大气臭氧同二氧化碳、水汽等其他温室气体一样向宇宙空间发射红外辐射而导致平流层冷却。也就是说平流层中的臭氧同时担负着热源和冷源两种角色。在通常情况下,臭氧的加热率大大高于它的冷却率,因此臭氧的净效应是导致平流层增温,进而影响平流层环流的格局,乃至全球气候变化。

当前,全球气候变化面临着很多新的问题,其中与大气臭氧行为直接相关的问题就是大气中臭氧浓度变化所引起的气候变化问题。大气中温室气体浓度的增加所产生的直接后果是使对流层变暖,而使平流层冷却,也就是说,二氧化碳等温室气体浓度的增加,会把臭氧吸收太阳紫外辐射获得的能量的相当一部分以红外辐射的形式释放到宇宙空间,从而导致平流层温度的下降。不仅如此,目前观测到的全球范围内的大气臭氧层耗损,使得臭氧作为平流层热源的贡献减小了,这必然会影响到平流层的热状态和相应动力学过程,进而影响平流层气候和全球气候变化。应当指出,一方面这些过程和变化之间存在着难以估计的反馈作用，另一方面，对流层中臭氧浓度的增加趋势会产生直接辐射强迫效应的增强（一些科学家估计，这种增强会达到 20%），从而影响气候变化，所有这些使得大气臭氧变化可能导致的气候变化变得尤为复杂。这就是为什么当前全球的有关科学家和有关政府部门特别重视大气臭氧问题的重要原因。

第二章

低层大气中的臭氧

对流层中的臭氧

对流层中臭氧的来源和消失

对流层中的臭氧含量相当少,一般情况下,约占大气中臭氧总含量的10%左右,但它在对流层(尤其是近地面)光化学过程、大气环境质量以及生态环境变化等研究中扮演着重要角色。同时,作为一种大气中的气体成分,臭氧的温室效应及其对气候变化的贡献也倍受重视。因此,长期以来人们在研究大气环境质量以及环境和气候变化中都把臭氧作为重要研究对象。那么,对流层中的臭氧是从哪里来的呢?长期研究表明,对流层大气中的臭氧主要来源于平流层的输送和发生在低层大气中的光化学过程。气象上称对流层与平流层接壤的那个层次为对流层顶,但这个顶并不是一个平面,而是一个斜面,在赤道地区上空,对流层顶一般可达15～16 km,而在极区上空则一般在 10 km 以下。不仅如此,由于大气动力学原因,对流层顶呈现出不连续

第二章　低层大气中的臭氧 · 37

的状态,通常是在纬度40～45度附近出现断裂,气象工作者称之为对流层顶折叠。对流层顶的存在使平流层和对流层之间的物质交换受到了限制,这就是为什么一些颗粒物、水汽等常常积累在对流层顶下部的原因。那么,平流层的臭氧又是如何通过对流层顶输送到对流层中来的呢？科学家们很早便提出了大气臭氧从平流层向对流层输送的概念,并从20世纪40年代起先后对这种输送机制和渠道提出了种种设想。通过对大量实际观测资料的分析,目前较普遍的认识是,平流层是富臭氧大气层,平流层空气中的高浓度臭氧可以通过小尺度湍流经对流层顶而进入对流层,这种湍流往往是由于对流层顶附近风的切变而造成的,这一过程虽然进行得慢而弱,但它可能是发生在所有纬度上空的臭氧输送途径。此外,平流层臭氧还可能通过对流层顶的折叠区进入对流层,这往往发生在纬度40°～45°附近,当然在30°～60°左右的任何纬度区间,只要发生冷暖气团的交替,或形成对流层顶的断裂都有可能发生平流层臭氧向对流层输送的过程。科学家们推断,不仅如此,根据前节提到的臭氧层顶存在的普遍性和稳定性,在热带地区上空对流层顶附近表现出较强的上升运动,而在极地区域,下沉气流使臭氧层顶的高度下降。这就表明,一些大尺度的大气环流运动也可能导致臭氧的垂直输送。应当说,平流层和对流层之间的物质交换是一个很复杂的问题。但无论如何,平流层臭氧的向下输送是对流层臭氧的重要来源。因此,平流层臭氧向对流层输送的机制和渠道等问题也还需要科学家们做进一步的研究。

　　对流层臭氧的另一个来源就是低层大气中的光化学过程。尽管对流层大气中的光化学过程进行得十分缓慢,但它却对低层大气中的臭氧生成至关重要。在对流层中,产生臭氧的光化学过程主要与大气中的氮氧化物、非甲烷烃和一氧化碳等气体参与的光化反应有关,低层大气中光化学过程产生的臭氧量也决定于这些气体的浓度和太阳紫外辐射的强度。可见,要精确地计算对流层中由于光化学过程所产生的臭氧量并不是一件容易的事,它不仅需要知道不同高度上的太阳紫外辐射量，更重要的是需要精确知道与臭氧生成、破坏有关的各种反应的反应常数，而这后者正是当前需要进一步研究的关键问题。低层大气中的氮氧化物主要是指 NO_x 即 NO 和 NO_2，对臭氧产生过程最简单的理解就是，NO_2 在太阳紫外辐射的作用下生成 NO 和 O，后者与大气中的 O_2 结合生成 O_3。但是这一过程中生成的 NO 很不稳定，它会很快与 O_3 反应再次生成 NO_2 和 O_2，即使 O_3 消失。因此，低层大气中与氮氧化物有关的 O_3 生成过程所产生的净 O_3 量取决于反应过程中 NO 的消耗，也就是说，如果在大气中 NO_2 光化分解的同时，有另外的反应将 NO 消耗掉，则最后会有净 O_3 产生。大气中非甲烷烃和 CO 在低层大气臭氧的生成和消耗中起着要作用，在臭氧生成过程中它们都起着消耗大气中 NO 的作用。

除了平流层输送和对流层光化学过程之外，低层大气中臭氧，尤其是近地面附近的臭氧还来自于各种放电过程。无论在实验室，还是在野外，只要有放电过程发生，人们就会嗅到臭氧的特殊味道。这一原理已被人们熟知并成为当今人们获取臭氧的主要途径。早在 20 世纪中叶，人们就发现，当自然界中有雷暴发生时，大气中的臭氧含量就会明显增加，随后有些科学家通过对雷电光谱的分析发现，当雷电发生时，大气中的臭氧量可能会增加 10～15 倍，甚至更大。不少学者对一般天气条件和雷电发生时的大气电场和放电电流做了对比分析研究，根据放电电流强度对所产生的臭氧量进行定量估计。

在大气低层有很多过程可以使臭氧损耗，其中主要是贴地层大气的光化学分解。一般来讲，对流层中的臭氧可被认为是比较保守的气体组分，它随着对流层中的气流运动而迁移。低层大气中的垂直运动将臭氧输送到地表而遭到破坏，这就是通常人们所说的臭氧的沉降。臭氧在近地面的破坏速率和破坏程度主要取决于近地面大气中湍流扩散系数的变化和地表的特性，前者主要影响贴地面边界层中臭氧在垂直方向的梯度，进而影响其沉降的速率。不

第二章 低层大气中的臭氧

同地表类型对臭氧的反应有很大差异,大量研究结果表明,陆地表面的臭氧沉降速率通常要比海洋表面的相应值高出 10～15 倍,前者的变化范围为 0.2～2 cm/s,而后者的变化范围为 0.02～0.1 cm/s。做为平均值,可以认为,臭氧在陆地表面、海面和冰面(或雪)的破坏速率分别为 0.6,0.04 和 0.02 cm/s。一般来讲,可以通过对地表特征进行参数化并根据贴地层的湍散特征对臭氧在地表处的破坏通量值进行模拟计算,并据此计算出全球的臭氧地表损失。一些计算结果表明,就平均而言,这个破坏通量值随着地理纬度的不同而变化,最大破坏通量值出现在北半球 30°～60°N 区间。就两个半球相比而言,北半球的臭氧地表损失约为南半球相应值的 2 倍。

对流层大气中的光化学过程一般进行得比较缓慢,大气中 NO_x、CO 等都会参与破坏臭氧的光化学反应。NO_x 破坏臭氧的最直接反应是 NO 夺去 O_3 中的一个氧原子而生成 NO_2 和 O_2,而形成的 NO_2 可以移走一个氧原子而重新形成 NO,后者又重新参与破坏 O_3 的反应。

大气中的自由基也会参与低层大气中的臭氧破坏过程,自由基也称游离基,它是具有非偏电子的基因或原子。自由基的一个主要特性是它的化学反应活性高,它在大气中的反应往往是链式反应,容易导致基质的消耗和多种产物的形成。大气中的自由基种类很多,来源也很多,但大部分都是化学反应的中间产物,寿命很短。例如人们熟知的 OH 自由基,它可以通过臭氧的光解而产生,也可以与 O_3 反应生成 O_2 和 HO_2,使臭氧得以破坏。许多研究结果证实了大气低层水汽浓度增加会导致 O_3 破坏加速,其最可能的原因就是涉及到了 OH 自由基与 HO_x 的链式反应。

大气中的臭氧被公认为是一种很强的氧化剂,它可以和大气中很多气体组分发生反应而遭到破坏。

应当说,对于对流层中臭氧的源汇问题,科学家们还在进一步研究中,尤其是在发现当前对流层中的臭氧含量有增加趋势之后,人们对对流层中臭氧的源和汇问题更加重视。很早以前有人提出的在水滴表面和湿润气溶胶粒子表面通过复杂的非均相化学过程会产生臭氧的说法又重新引起人们的重视，大气污染的加重和大气中各种化学物质的增多等也成为人们认识低层大气中臭氧源和汇的重要研究内容。

对流层与平流层之间的臭氧交换

前面已经提到，臭氧从平流层向对流层输送是对流层臭氧的来源之一。这几乎已经成为人们的共识。但是这种输送是通过什么方式和通过什么途径实现的呢？这是长期以来科学家们所关注的十分重要的科学问题。

气象工作者把对流层和平流层接壤的大气层次称为对流层顶，不言而喻，它表示对流层结束，平流层开始，是对流层向平流层过渡的一个大气层次。由图 1.1 可见，在对流层中，通常是温度随高度增加而降低，而在平流层中，温度却是随高度增加而增加。因此，通常人们便根据温度递减率的变化形态来确定对流层顶的高度。世界气象组织将对流层顶的高度规定为：在 500 hPa 等压面以上，温度递减率小到 2 ℃/km 或以下的最低高度，而且在此高度以上 2 km 气层内温度的平均递减率不超过 2 ℃/km。在实际工作中技术人员往往是根据气象探空仪获得的温度变化曲线的骤折点来确定对流层顶的高度。由温度递减率的变化可知，对流层顶是一个很特殊的大气层次，在对流层顶附近，很多大气特性都会发生突变，如温度递减率不连续，风矢量突变，空气湿度剧变，颗粒物堆积等等。在某种意义上说，对流层顶是对流层与平流层之间物质交换的屏障。对流层顶和相应的温度随高度变化由图 2.1 所示。

大气中对流层顶的存在不但阻挡着对流层的很多物质向平流层扩散，同时也是臭氧从平流层向对流层输送的屏障。尽管如此，大量的研究结果表明，在对流层顶处仍然存在着平流层和对流层之间的空气交换。这种交换一方面是通过所谓对流层顶的折裂区

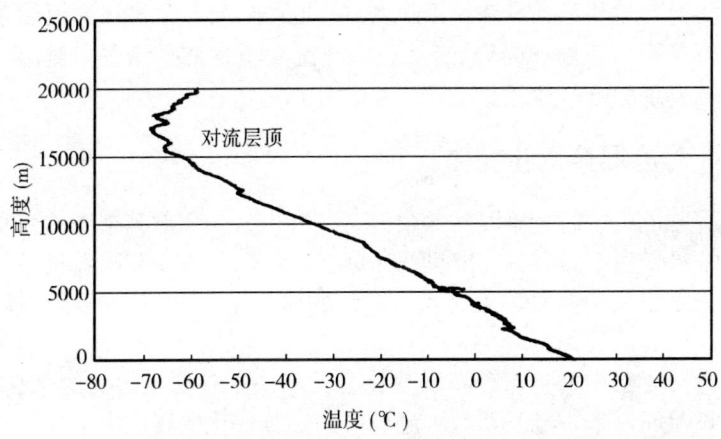

图 2.1 对流层顶和相应的温度随高度变化

(指发生在副热带地区上空对流层顶的不连续区域)的水平输送来完成的,另一方面是通过湍流扩散、不同尺度的涡旋、气旋和反气旋等活动的垂直和水平输送来实现的。

由大气臭氧垂直分布廓线可知,对流层中上部,臭氧浓度随高度明显减小并在对流层顶附近达到最小值。然后从臭氧层顶开始臭氧含量随高度迅速增加,直到在平流层中部达到其最大值。臭氧层顶与对流层顶之间的关系很密切,在中高纬度,绝大多数情况下,臭氧层顶位于对流层顶的下方,而在低纬度地区臭氧层顶通常都位于对流层顶上方。平流层下部的富臭氧空气通过对流层顶不断地向对流层输送。有人估计,1 年之内大约会有 8×10^{13} 吨空气被从平流层输送到对流层来(平流层中的空气总量约为 4×10^{14} 吨)。而全球范围内,由平流层输入到对流层的臭氧平均通量约为 1.6×10^{16} 个 O_3 分子$/(cm^2 \cdot s)$,当然,这种输送在不同纬度和不同季节会有差别。这种输送很可能是通过平均径向环流来实现的,径向环流可以穿过对流层顶并到平流层下部。可见,平流层与对流层的臭氧交换不决定于平流层中臭氧变化而是决定于平流层下部的臭氧含量和输送机制及其强度。由此看来,对臭氧来讲对流层顶并不是不可跨越的障碍,当然径向环流并不是从平流层向对流层输送臭氧的唯一途径。

对流层臭氧的变化

对流层中的臭氧因其含量低,长期以来,人们对其浓度的变化并未给以应有的重视。20世纪80年代以来,不少研究陆续报导了关于对流层中臭氧浓度有增长趋势的研究结果,因此才逐渐引起了人们的广泛关注。

对流层中的臭氧分布及变化显然取决于各源汇之间的平衡。较长时间以来,人们认为,对流层中的臭氧变化主要取决于平流层向对流层臭氧的输入机制。但是,随着有关对流层臭氧变化资料的不断增多和人们对对流层臭氧变化认识的不断深化,发现空气污染、土地利用的变化以及大气中颗粒物、云等对臭氧的分布和变化都会产生影响,人类活动释放到大气中的很多种排放物都有可能使对流层臭氧的源、汇特征发生变化。

世界各地获得的大量实际监测资料表明,对流层中的臭氧在时间和空间上都有较大的变化。在近地面,大气中的臭氧变化特征是很复杂的,这主要是由于光化学过程的复杂性和多变性以及湍流活动引起的,前面已经提到在不同下垫面上空臭氧的沉降速率会有很大差异。由于地表对臭氧的破坏作用,因此在近地面一般会出现臭氧的向下通量。随着高度的增加,在自由对流层中,为数不多的观测资料显示出大气臭氧的多层次垂直分布。尤其是在有云存在的情况下,臭氧的层状分布结构更为明显,常常在云层上面和逆温层上面观测到明显的较高浓度的臭氧层次。就平均状态而言,在边界层中通常会观测到臭氧浓度随高度增加的明显变化,再向上,一直到对流层中、上部,臭氧浓度随高度变化不大或呈缓慢减小势态,而在对流层顶以下的 $1\sim 2$ km 范围内,臭氧随高度明显减少,直至在臭氧层顶处臭氧浓度达到最低值。这就是说,臭氧含量在对流层中随高度基本是减少趋势。但就臭氧在大气中的混合

第二章 低层大气中的臭氧

比(指在同一高度上臭氧密度与空气密度之比或单位空气体积中臭氧所占体积的份数)而言,它在对流层中随高度的增加却基本上是增加的。也就是说在整个对流层中似乎存在一个由大气的某种运动(如湍流等)引起的向下的臭氧通量。

对流层中的臭氧除了随高度变化之外,显然也会随不同纬度而变,这不仅仅是由于来自平流层中的臭氧输入随纬度而变,同时还由于对流层中的大气运动以及不同气团的更替等都有着明显的纬度变化特征。

从对流层中臭氧的源汇特征变化不难理解,对流层中的臭氧含量,尤其是对流层低层的臭氧含量,会有明显的日变化、季节变化以及年际变化。近地层大气中的臭氧含量日变化表现得十分明显,通常情况是白天浓度高,夜间浓度低,显然这与太阳辐射强度及其相应的光化学过程有关。在一年四季中,通常是低层大气中的臭氧浓度的高值出现在夏季,低值出现在冬季。

从对流层中臭氧的来源和消失过程可知,近地面的光化学过程和平流层富臭氧空气的向下输送是对流层臭氧的两个主要来源。因此,可以设想,对流层中很强的湍流活动和对流运动会直接影响臭氧的垂直分布特征。一般认为,在距地面 $1\sim 2$ km 的大气边界层中,臭氧浓度的变化呈现较为复杂的形态(见"大气边界层中臭氧的变化"一节)。这一方面是由于太阳紫外辐射的大幅度变化导致生成臭氧的光化学过程强弱变化,另一方面陆地的各种类型地表有着较强的破坏臭氧的能力,使得贴地层大气中往往出现明显的臭氧负通量值,即越靠近地面,臭氧浓度越低。对流层中部的臭氧主要靠来自近地层和对流层上部的输送,而在对流层上部,臭氧垂直廓线的结构同样比较复杂,因为从平流层下部向下输送的臭氧通量本身有着很大的时空变化,在平流层下部产生的天气尺度的臭氧短暂涨落可以传送到对流层中来,并直接影响对流层上部臭氧的分布特征。认识对流层中臭氧输送特征和臭氧垂直分布结构的最有效方法是计算对流层中各个高度上的臭氧密度通量,但这是一件困难的事,已有的一些计算结果并没有给出令人满意的结果。因此,目前了解对流层中臭氧垂直分布特征的最现实的方法就是直接测量,其中包括气球测量,飞机测量和地基遥感测量(如激光雷达测量)。图 2.2 给出了用气球测量获得的北京地区对流层臭氧垂直分布廓线的典型实例。图 2.2 显示,在一般情况下,

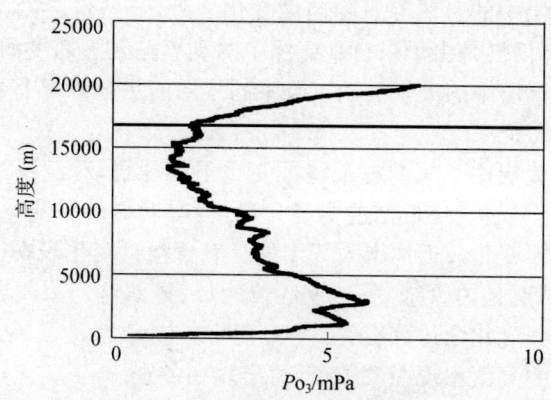

图 2.2　对流层臭氧垂直分布廓线

从地面至 1~2 km 的大气边界层中会出现臭氧分压的增大,之后臭氧分压很快下降直至臭氧层顶,但这种下降不是单调的,一般会伴随一些层状结构的出现。臭氧混合比在对流层中随高度却始终在增加,一些研究结果表明,臭氧混合比的梯度在对流层中的平均值约为 3.624×10^{-14}/cm,这表明,平均而言,对流层中始终存在着一个向下的臭氧通量。

大气边界层中臭氧的变化

臭氧的时间和空间变化

在气象学中把靠近地球表面,受地表摩擦阻力影响的大气层次称为大气边界层,其厚度一般在 300~400 m 至 2 km 以内。在这一层次中空气运动明显地会受到地表摩擦力的影响,因此有时

第二章 低层大气中的臭氧

也称为摩擦层,同时把大气边界层的下部(一般距地面 100 m 左右的层次)称为大气近地面层,人类的绝大部分生产和社会活动都发生在近地面层中。

大气边界层中,尤其是近地面层中的臭氧含量及其变化尤为受人关注,这是因为它直接关系到人类的生存环境。大气边界层中的臭氧变化是很复杂的,这主要是由于在这一层次大气中臭氧的源汇变化及其不确定性造成的。影响大气边界层中臭氧变化的因素和过程很多,归纳起来主要有以下四个方面。首先是来自大气较高层次(包括平流层)的向下输送,这是大气边界层臭氧的重要来源。长期以来,不少人曾认为来自平流层的富臭氧空气无法渗透到大气边界层中来,因此对近地层中的臭氧含量不会有影响。但是,近些年来的研究结果显示,当对流层中存在有很慢的向下运动时,来自平流层的臭氧就会从对流层上部向下渗透到对流层的很深层次,如果这种向下的下沉运动速度达到一定量级时(一般为 $0.5\sim 1.0$ cm/s),富臭氧的空气就有可能扩展到地球表面,进而对近地面臭氧变化产生影响。其次是太阳紫外辐射的变化,到达地球表面的太阳紫外辐射量一方面取决于上层大气中臭氧本身的吸收变化,同时会受到低层大气中包括气象要素在内的诸多环境因素的影响,尤其是大气中云层、颗粒物和水汽的影响。不仅如此,到达地面的太阳紫外辐射随着太阳高度和地理位置也有很大幅度的变化,这就是说,在近地层生成臭氧的光化学反应过程有着很大的时空变化,这自然会影响到近地面大气中的臭氧变化。大量观测资料表明,这是导致近地面臭氧浓度日变化和年变化的主要因子。第三个影响近地面臭氧浓度变化的重要因素是各类地球表面与臭氧的反应,这种反应的结果是导致臭氧的破坏和近地层中臭氧的沉降。研究表明,各类地表破坏臭氧的能力相差很大,陆地表面对臭氧的破坏速率约是海面的 15 倍,是冰雪表面的约 30 倍。这就是为什么在陆地上空臭氧的沉降要比海洋上空大得多的原因。显然,地表对臭氧的破坏通量是地理位置的函数。计算结果显示,地表对臭氧破坏通量的最大值出现在北半球的 30°～60° 纬度之间,平均而言,由于地表破坏而造成的北半球的臭氧损失要比南半球的相应值约大两倍之多。最后,大气污染正成为第四个影响近地层臭氧变化的因素。人类生产和社会活动的加剧,尤其是矿物燃料的燃烧向地球大气中不断释放大量的污染物质,使得近地层中臭氧的生成和消失的各种过程变得更为复杂,这一点对于大城市和工业发达地区尤为重要。大城市和工业集中地区上空有相对浓度较高的多种污染气体,其中氮氧化物,碳氢化合物以及其他活泼烃类等在太阳紫外辐射的作用下会发生一系列光解反应和氧化反应,最后生成臭氧和其他氧化物。可见大气污染的加重会直接影响近地层臭氧的源汇特征。

综上所述,不难理解,近地层大气臭氧的重要特征就是它的低浓度和时空分布的多变性。

图 2.3 是在北京地区上空得到的 0～1.0 km 范围内臭氧浓度随高度的变化。这是在 1 日之内不同时段得到的观测结果。

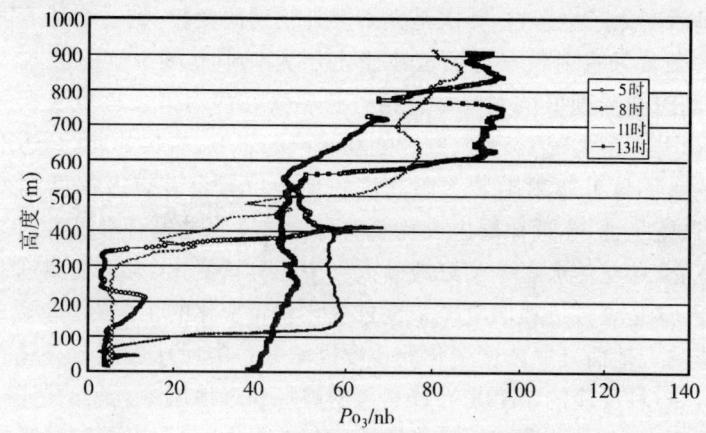

图 2.3 近地层臭氧浓度的变化

人类活动对近地层臭氧的影响

由对流层臭氧的源汇可知，任何影响这种源汇特征的活动都会导致近地层臭氧的变化。人类的生产、生活和社会活动正在对其生存条件和生存环境产生着重要影响，其中的一些活动显然会影响到臭氧的生成和消失过程。

首先，正如前面指出的那样，人类在自己的生产和社会活动中正在源源不断地向大气中排放大量的气体和颗粒物，使空气受到严重污染，这些污染物质中，有很多会直接参与臭氧形成和消失的化学过程，例如，氮氧化物、一氧化碳以及各类碳氢化合物等。据统计，仅人类使用矿物燃料一项全世界每年向大气中排放的氮氧化物达0.68亿吨，二氧化硫1.5亿吨，一氧化碳约2亿吨，各类颗粒物达1亿吨。不仅如此，这些由人类活动直接排放到大气中的污染物(称一次污染物，如SO_2，NO_x，CO，CO_2，C_6H_6等)在一定的条件下，还会发生复杂的光化学反应而生成新的污染物(称二次污染物，如O_3，H_2SO_4，HNO_3，PAN等)。

人类排放进入大气中的氮氧化物主要是指NO和NO_2，在太阳紫外辐射的照射下，大气中的NO_2会分解为NO和O，而氧原子(O)再与氧分子(O_2)结合生成臭氧(O_3)，与此同时，大气中的NO可以和O_3反应重新生成NO_2。可见大气中的氮氧化物在近地层同时起着生成和破坏臭氧的作用。但是大气中还有很多其他反应过程，它们在NO_2分解的同时，与大气中的NO进行着另外的化学反应，从而将大气中的NO消耗掉。例如大气中的非甲烷烃类和一氧化碳就可以通过化学反应来消耗大气中的NO，从而使得产生臭氧的过程得以进行。由此可见，大气低层通过光化反应分解氮氧化物来产生臭氧的净效果不仅取决于大气中氮氧化物的浓度及太阳紫外辐射的强度，而且还取决于大气中碳氢化合物和一氧化碳等气体的浓度。由于这些污染气体在大气中有着较大的时空变化，因此根据光化学反应模式估计得到的对流层中臭氧的产生率也有较大差异,大约为 $1\times10^{11}\sim10\times10^{11}$ 个 O_3 分子$/(cm^2 \cdot s)$,而且夏季臭氧的产生率明显大于冬季的相应值。但共同的结论是,由于人类活动排放造成的大气中的氮氧化物、一氧化碳和碳氢化合物浓度增加,会使对流层的光化学臭氧产生率增加 2 倍左右。

人类活动对近地层臭氧影响的第二个方面表现在由于人类活动造成的土地覆盖的变化,其结果是使陆地表面特性发生了巨大变化,从而导致地表"吸收"臭氧性能的改变。表 2.1 给出了中国主要土地利用类型的变化情况。

表 2.1 中国主要土地利用类型的变化

类型		年限	面积(亿亩*)	增(减)量
农业用地	耕地	1949~1995	14.68~14.25	−2.93
	水田	1949~1995	3.42~3.73	+9.06
	旱田	1949~1995	11.26~10.52	−6.57
林地面积		1949~1993	12.42~20.06	+61.51
草地面积		1949~1990	58.79~53.25	−9.42
非农业用地	城市	1949~1997	458~3119	581.00
	居民点和工矿	1949~1997	0.72~3.15	337.50
	交通	1952~1994	0.56~1.16	107.14

由表 2.1 可以看出,建国以来,我国农业耕地面积,尤其是旱田面积呈减少趋势,而水田面积有了比较大的增加。我国草地面积也在逐步缩少,而林地面积有了较大幅度的增加,同时我国非农业用地面积有了大幅度的增加。也就是说我国土地利用和土地覆盖情况发生了较大的变化。前面已提到,对于近地面臭氧来讲,地表的破坏是一个重要的汇,其具体表现为近地层中的臭氧沉降。但是由于不同地表在物理、化学和生物特征方面的差异和时空变化,臭氧的破坏速率也会有很大的差异和相应的时空变化。一些实际测量结果表明,近地层中,由于土壤和植被类型的差异,陆地表面的

---

* 1 亩 $=1/15$ hm^2

臭氧沉降速率变化于 0.2~2.0 cm/s 之间,平均值为 0.6 cm/s,而雪和冰面的这种臭氧沉降速率平均约为 0.02 cm/s,而海面相应值的变化范围为 0.02~0.1 cm/s,平均值约为 0.04 cm/s。可见,人类活动造成的地表特性的变化会直接影响到对近地层中臭氧的破坏程度。

近地面臭氧浓度的变化

人们在关注大气平流层中臭氧耗损的同时,也对大气对流层,尤其是近地面空气中的臭氧变化给予了极大关注,因为正是近地面空气中的臭氧变化会对人体健康和人类生存环境产生最直接的影响。受臭氧源汇的影响,尤其是受空气中一些破坏和生成臭氧的污染气体浓度变化以及地表"吸收"臭氧等因素的影响,近地面空气中的臭氧浓度有较大的时空变化。

在全世界范围内的很多地区,气象和环保部门都把监测近地面空气中的臭氧浓度列为日常业务工作,尤其是环保部门,出于对空气污染监测和对空气质量的评价需要,在很多城市地区都设置了固定的观测站,以对近地面空气中的臭氧浓度变化进行连续观测,而气象部门对臭氧的观测大多在人类活动较稀少的地区进行。大量观测资料表明,近地面空气中的臭氧浓度有明显的日变化和季节变化特征。通常是白天浓度高,夜间浓度低,这种日变化在夏季表现得尤为明显,显然这与太阳紫外辐射的变化直接相关。近地面的臭氧浓度夏季明显高于冬季,在夏季,大多数地区观测到的臭氧浓度变化于 30~80 ppb[①] 之间,个别日子会出现臭氧浓度大于 100 ppb 的情况,在发生光化学烟雾情况下,臭氧浓度会达到 200 ppb,甚至更高。而在冬季近地面空气中的臭氧浓度却很少超过 30 ppb,一般均变化于 10~20 ppb 之间。

从全球气候和环境变化的角度,人们更关心的是近地面空气

---

① ppb=10^{-9}(对于 O_3,1 ppb 约相当于 0.002 mg/m³)

中臭氧浓度的长期变化趋势，尽管评价这种变化趋势是一件很困难的事。

对现有的一些臭氧探空资料的分析表明，在北半球中纬度的某些地区上空，20世纪60年代到80年代期间对流层中的臭氧浓度平均每年增加1%。对Montsouris站（法国巴黎）近地面空气中臭氧观测资料的长期观测结果分析显示，1873～1910年间的近地面臭氧浓度的平均值不足目前臭氧值的一半。

应当指出，由于近地面空气中臭氧浓度时空变化很大，同时也由于观测资料长度不够，因此对个别地区观测结果的评价还不能代替其他地区。近地面空气中臭氧浓度全球尺度的增加趋势尚需进一步观测证据。

近地层大气中臭氧变化对人与环境的影响

对空气质量的影响

人类自工业革命以来就开始向大气中排放污染物质，初期主要是煤烟粉尘和硫氧化物。从20世纪20年代之后，人类使用石油和天然气的数量大幅度增加，从而使氮氧化物、碳氢化合物等污染气体大量排入大气，使空气污染加重，空气质量变坏，一些严重的空气污染事件频频发生，其中以40年代初的美国洛杉矶光化学烟雾事件和50年代初发生在英国伦敦的烟雾事件最为典型。进入20世纪后半叶，矿物燃料的消费量急剧增长，随之而来的是大气中的污染物浓度也迅速增加，空气污染在全世界泛滥。不仅如此，这个时期还出现了新的空气污染，这就是核工业发展带来的放射性污染和化学工业（其中包括农药等有机合成化学物质大量生产）带来的各类化学性污染。所有这些污染中，与臭氧有关的当属光化学烟雾污染。

光化学烟雾是指大气中的氮氧化物和碳氢化合物等污染物在

太阳紫外辐射的作用下发生光化学反应而生成的二次污染物质。典型的恶化空气质量并造成严重伤亡的光化学空气污染实例就是1943年发生在美国洛杉矶的光化学烟雾事件。以汽车城、烟雾城而闻名的美国洛杉矶位于洛杉矶盆地,三面环山,一面靠海(太平洋),经常出现的逆温使得污染物难以从盆地逸出,同时强烈的光照和高温天气有利于光化学反应的发生。因此,从20世纪40年代开始,这里曾多次发生光化学烟雾污染事件,严重影响本地区的空气质量,并使人们的身心健康受到严重危害。从而使得一向享有"天使之都"之称的洛杉矶(美国好莱坞所在地)转而以"烟雾城"闻名于全世界。当时,洛杉矶市已有约350万辆汽车保有量,每天约有1000吨的碳氢化合物,430吨的氮氧化物和4200吨的一氧化碳排入大气中,使空气受到严重污染,为光化学烟雾的发生创造了基本条件。前面已经提到过,在空气污染严重的日子里,大气中各类污染物浓度迅速增加,大量NO_x和非甲烷碳氢化合物蓄积在大气中,当有充足的太阳紫外辐射照射时,便会引起NO_2的分解,分解后生成的原子氧又参与多种反应导致一系列的氧化剂在大气中出现,如O,O_3,过氧化物以及其他含激发态O_2的强氧性物质。随后,大气中已积聚的碳氢化合物,如一氧化碳,各种非甲烷烃类等被氧化生成醛RCHO、酮RCOR以及R、RCO、RCO_2、RCO_3等自由基。这些过氧化物和自由基与NO_2反应便生成硝酸过氧化乙酰酯(PAN)和硝酸过氧化苯甲酰(PBZN)以及硝酸酰基等对眼睛有强烈刺激作用的物质,这些物质本身又都是氧化剂。除原子氧和臭氧之外,激发双氧、羟基、氯等都会参与反应。人们通常就把碳氢化合物和氮氧化物等一次污染物以及它们在阳光作用下发生光化学反应生成的二次污染物的混合物所造成的烟雾污染现象称为"光化学烟雾"。这是一种呈浅蓝色的有强烈刺激味道的烟雾。可见,被人们称为"光化学烟雾"的这一污染现象形成过程极为复杂,涉及到一系列光化学反应。光化学烟雾中含有较高浓度的臭氧和其他过氧化物,因此,也有人称这种光化学烟雾污染为臭氧烟雾污染。实际上,光化学烟雾是多种一次和二次污染物的混合污染物,除了臭氧和其他氧化物之外,还含有大量的微小颗粒物质。由此可见,大气中光化学烟雾的生成涉及到很多因素和复杂的光化学反应过程,一般认为可达 300 多个反应阶段。为此,日本学者外山等曾把大气中的光化学烟雾污染形象地用下列方程式表示:

$$光化学大气污染 = \int \frac{(NO_x)(HC) \cdot (太阳紫外辐射) \cdot (高气温)}{(风速) \cdot (逆温层高度)}$$

这一表达式形象地告诉人们,大气中的光化学烟雾依赖于大气中氮氧化物(NO_x)和碳氢化合物(HC)的浓度以及太阳辐射强度。在高温低湿、小风和逆温层较低的天气条件下最容易发生光化学烟雾污染。考虑到在地球的高纬度地区,太阳紫外辐射较弱,不易引起光化学反应,因此,发生光化学烟雾污染的地区主要集中在北纬 30°～45° 范围内。

除了美国洛杉矶外,在世界很多大城市(主要是美国,日本,中国等)都发生过光化学烟雾污染事件,在我国兰州地区就曾多次发生过类似的光化学烟雾污染。兰州西固地区由于化工厂和炼油厂不断向大气中排放大量的碳氢化合物和氮氧化物,加之海拔高度较高,有充足的阳光,因此,20 世纪 70 年代以来,在夏秋季节光化学烟雾曾多次发生,其间曾观测到了较高浓度的臭氧浓度和甲醛浓度。

对人体健康的影响

人们常说,阳光、空气和水是人类赖以生存繁衍的三大要素,人类一刻也离不开空气。正常情况下,一个人每天大约要吸入 10～12 m^3 的空气。当空气受到污染,有害物质就会直接危害人的身体健康。通常,空气中的有害物质可以通过以下途径使人体受到危害,其一是有害物质通过与人体暴露的皮肤接触对人体产生危害,例如,空气中的酸雾、碱类、氨气、氯苯以及其他一些有强烈挥发性的有害物质等对人的皮肤和眼睛就有很强的灼伤、腐蚀和刺激作用,空气中的各种细小颗粒物和花粉等也会沉积在人的皮肤表面,造成皮肤新陈代谢的障碍。其二是通过动植物间接影响人的健康。空气中的污染物可以通过各种途径,如沉降、雨水冲涮等进入到水体和土壤中,并可直接在植物、蔬菜和瓜果的根、茎、叶中积累,这些被污染了的水和植物被动物采食后会直接进入动物体内,最后这些污染物通过肉类、粮食、蔬菜、瓜果等进入人体并对人体健康构成危害。空气污染危害人体健康的第三条途径是污染物通过呼吸系统进入人体,人们吸进被污染的空气之后,空气中的有害物质,如二氧化硫、一氧化碳、臭氧、尘埃等,首先会刺激上呼吸道,引起咳嗽、痉挛,有些物质还会进入人的血液中引起中毒甚至死亡。

低层大气中的臭氧是一种污染物,空气中的臭氧浓度过高会严重危害人体健康。因此,各国环境保护部门都将近地层空气中的臭氧作为污染物进行常规监测,并从保护人们的身体健康出发制定了臭氧的环境浓度标准。有很多国家已将近地层空气中的臭氧浓度列为每天的空气质量预报之中。我国在每天的空气质量日报和预报中也包括对臭氧浓度和污染级别的报告。我国环境部门制定的环境空气中臭氧浓度的阈值分3级,其浓度分别是:1级,80 ppb;2级,100 ppb;3级,100 ppb。1级标准适用于国家规定的自然保护区、风景游览区和疗养地等地区,2级标准适用于城市规划中确定的居民区、商业区、交通枢纽混合区、文化区以及广大农村地区,3级标准适用于工业区以及城市交通枢纽、干线等地区。一般情况下,空气中的臭氧浓度达到50 ppb时,人们便会感觉到臭氧的存在。空气中臭氧浓度过高会直接危害人的呼吸系统,首先会引起咽喉痛、咳嗽等粘膜刺激症状。臭氧本身一般不会引起眼疾,但在臭氧浓度高的空气中,往往同时存在会刺激眼睛的其他过氧化物。因此在臭氧污染情况下,人们最明显的症状经常为眼痛、流泪、喉痛、咳嗽等,有的人也会有恶心、呕吐、头痛,甚至发烧、呼吸困难等症状,化验常为白血球增加,血红蛋白含量和白细胞数明显减少等。有关臭氧病理学研究表明,臭氧可以到达人的肺脏深部,增加呼吸道阻力,降低肺脏顺应性,从而引起肺水肿。臭氧与机体膜脂质过氧化和细胞老化等生命现象有密切关系。

在光化学烟雾情况下,臭氧对人体的危害最大,这主要是因为在光化学烟雾污染发生时,一般在会出现高浓度臭氧值的同时,其他有害污染气体(如 PAN,PBZN 等)和颗粒物浓度也会很高,这些污染物对人体的综合性危害会大大超过一般情况下的单纯臭氧危害。例如,在 1943 年洛杉矶光化学烟雾污染期间,空气中 8 小时的臭氧平均浓度为 150～200 ppb,而最高值达到了 900 ppb 左右,此外,大气中醛类的 50% 为甲醛,同时伴随有 PAN 和 PBZN 等对眼睛和呼吸道粘膜有强烈刺激性的氧化剂产生。据报导,洛杉矶光化学烟雾曾使几千人的健康受到损害,四分之三的居民患过呼吸道疾病或红眼病。20 世纪 70 年代初发生在日本东京和大阪地区的光化学烟雾在 1 年之内曾使受害者人数达到 48118 人,受害最大的人群是呼吸器官疾病和心脏病患者,死亡率最高的是高龄者,其次是婴儿。在 20 世纪 80 年代初在我国兰州发生光化学烟雾期间,曾对 2561 人的自我感受病状进行了调查,主诉眼睛受到刺激的人数约占 76.5%,头晕的占 49%,头痛的占 37%,咳嗽、胸闷、呼吸困难等症状共占 35%,恶心的占 25.4%,咽干、喉痛的占 22.5%,鼻堵、流鼻涕的占 18.6%。表 2.2 给出了空气中不同臭氧含量对儿童健康影响的某些表现。不仅如此,空气中过高的臭氧浓度,尤其是光化学烟雾的发生会使人体各器官和组织的细胞膜受到损伤,使膜中的脂肪酸被氧化,导致膜的结构变形或破坏,进而损伤人体细胞里的线粒体、核仁和溶酶体,并释放出一种老化色素而导致心脏功能衰退。过多的臭氧进入人体还会氧化人体组织中的弹力纤维,影响血管的弹力而导致动脉硬化、肺气肿等疾患,从而构成对人体健康的长期慢性影响。

表 2.2　儿童对不同臭氧浓度的某些反应

臭氧浓度(ppb)	反应现象
10~20	能较好适应
50	明显嗅到臭氧的存在,刺激鼻、咽喉粘膜
70	嗓子痛,口渴,咳嗽,体育比赛成绩下降
100~200	刺激眼、鼻,上呼吸道粘膜发干,头痛,声音嘶哑
250~300	胸闷,脑晕,呼吸困难,喘息及呼吸道疾患恶化,肺功能降低
500~600	接触3~6小时,视力下降,视敏度降低,手足麻木,心跳亢进,呼吸困难,肺胞扩散功能显著下降,并开始出现全身症状。
1000~2000	接触1~2小时即可引起头痛、胸闷、呼吸困难、脉博加快,肺气肿等
5000~10000	接触便会导致呼吸困难,全身痛,出现意识障碍,连续接触会导致肺水肿,出现生命危险,短时间内便会死亡。

对生态系统的影响

生态系统通常是指生物群落(如动物、植物、微生物及人类等)与非生物环境(如空气、水、无机盐类、氨基酸等)所组成的自然系统。生态系统的各组成部分都处于不断地运动和变化之中,但经过长期的进化和不断协调,生态系统各组成部分之间始终保持着基本的动态平衡状态,故称生态平衡。生态平衡这是各类生物群落生存、繁衍的基础,也是人类社会得以正常发展的基本条件。任何自然和人为的使生态平衡受到失调或破坏的行为都会对生物环境和非生物环境带来危害。

据联合国公布的有关资料显示,地球上已有20000多个植物种类,1000多种蔬菜、280种哺乳动物和350种鸟类濒临灭绝的危险。造成这一状况的主要原因是环境污染和人为破坏。专家们估计,我国30000余种植物中,约有4500种正在受到不同程度的威胁。

大气低层的臭氧同其他污染气体一样,其浓度的增加除了对人体健康造成直接危害之外,还会对动植物等其他生物群落造成危害。臭氧对各类植物的影响原本并未受到人们的重视,但是在上世纪 40~50 年代,在美国洛杉矶地区发生了严重的苜蓿、烟草病害,蔬菜一夜之间由绿色变为褐色,完全不能食用,在日本,20 世纪 70 年代在濑户内海地区也发生了大面积的烟草生理斑点病等。在此之后,人们才慢慢弄清楚,这些病害都是大气中的臭氧以及光化学烟雾中其他污染物质造成的。应当指出的是,在实际大气中,臭氧对动植物的损害往往是与其他污染物同时作用的,即形成所谓的"复合影响"。研究表明,臭氧与二氧化硫的复合影响对动植物的危害性尤大,这使得野外实际情况下动植物受空气污染危害的情况变得复杂化,同时增加了估计臭氧对动植物危害的难度。

前面已经提到,低层大气中光化学反应过程中,其中包括光化学烟雾中所产生的过氧化物是多种多样的,但就浓度而言,臭氧约占 90% 左右,其次是 PAN 等,因此从对动植物的危害来讲,主要应考虑臭氧,PAN 及相应的复合影响。低层大气中臭氧对动植物的危害因臭氧的浓度、受害生物的种类以及暴露时间不同而有很大差别。表 2.3 列出了低层大气中臭氧和 PAN 对植物的影响和伤害阈值。不难发现,植物受臭氧和 PAN 危害的症状和形态有明显不同。高浓度臭氧对植物的影响首先表现为对其外部形态危害,其表现为使叶片的表面 1)漂白化,2)不规则的大面积坏死,3)黄白化,4)红色化,5)白色小斑点,6)暗褐色斑点,以及 7)花、叶、幼果的脱落等症状。而 PAN 对植物的损伤主要表现在使未成熟的叶片背面光泽化、银白化和褐色化以及使被害叶片停止生长或畸形生长等。就受害叶片的细胞形态而言,臭氧危害多见于栅状组织,而 PAN 危害多见于海绵组织。图 2.4 是臭氧对植物外部形态损伤过程的示意图。

图 2.4 显示,植物叶片受损症状的发展基本有两种情况,其一是从褪绿开始,绿色斑素到坏死斑和膜质斑,其二是从漂白斑到绿色斑再到坏死斑和膜质斑。

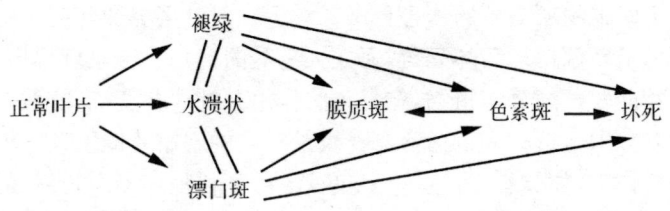

图 2.4　植物叶片损伤过程示意图

(= 代表同时出现，→ 表示症状发展方向)

表 2.3　臭氧和 PAN 对植物的影响和伤害阈值

污染物质	症状	叶片影响	叶组织影响	伤害阈值	时间(h)
臭氧(O_3)	漂白斑，色斑，叶片坏死，脱落，生长受抑制	首先是成熟老叶，然后是幼叶	栅状组织	浓度 30 ppb 65 $\mu g/m^3$	4
硝酸过氧化乙酰酯(PAN)	叶片背面光泽化，银白化，褐色化	幼叶	海绵状组织	10 ppb (250 $\mu g/m^3$)	6

表 2.3 还显示,对于臭氧和 PAN 而言,植物受伤害的阈值要比二氧化硫的伤害阈值(约为 300 ppb)低得多,说明臭氧和 PAN 对植物的危害是很大的。臭氧和 PAN 对植物叶片的伤害必然会使植物的光合作用等生理性能受害,从而使其产量降低,这对像烟草和叶菜类等植物会造成很大的经济损失。有关臭氧和 PAN 对各类植物的影响评价基本上是通过在实验室内进行熏蒸实验或在野外采用开放式气室的方法得到的。在野外实际情况下,植物所受到的伤害只能通过较长时间的规范化监测和观察来获得,但由于臭氧、PAN 浓度及环境条件的变化,这种观察只能获得一些定性的结果。植物的受害程度有很大差异,与木本类植物相比,草本植物对臭氧和 PAN 更灵敏些,但即使是同种植物,由于其品种、栽培方法、作物的营养状况以及气象条件的差异,其受伤害的程度也会不同。一般来讲,通过 4~9 个监测和观察会发现在自然生长状

态下不同植物所受到的伤害程度。对于一般叶菜类和花卉等植物往往是呈现源白斑和坏死斑,而在大豆等的叶片上会呈现褐斑。对于生长期较长的草本植物,在臭氧的作用下叶片会变红、变黄。对于大多数木本植物来讲通常需要较长时间的观察才能发现它们所受到的伤害,如芙蓉、木莲等呈褐色斑点,杨树呈坏死斑,榉树的叶片变红、变黄等等,但一般来讲这些树木在臭氧的伤害下都会发生显著的早期落叶现象。

在研究低层大气中臭氧对植物的影响中,人们尤其关心对农作物的影响,对像中国这样的农业大国而言,这尤为重要。研究工作主要集中在臭氧对农作物的危害机理、危害程度和防护措施等方面。臭氧危害农作物的可见症状是叶片受损。但真正的伤害机理在于臭氧从植物的气孔进入植物体后就会妨碍植物光合作用的进行,同时植物气孔和叶肉组织为抑制臭氧在植物体内的扩散,会抑制 CO_2 进入而影响光合作用,其结果是伤害细胞膜质,增加膜的透性,最后导致叶绿体的破坏。另一方面,臭氧会破坏植物的组织器官,尤其是叶内组织,从而直接影响光合作用。不仅如此,臭氧对一些农作物影响的最终结果是破坏农作物的组织器官和抑制作物体的光合作用,进而导致农作物减产。表 2.4 给出了不同臭氧浓度情况下我国几种主要农作物的产量损失的粗略估计。

表 2.4 臭氧对某些农作物产量的损失(%)

臭氧浓度(1×10^{-9})	40	50	60	70	80	90	100
冬小麦	1.50	4.62	7.74	10.86	13.98	17.10	20.22
玉米	0.52	1.60	2.86	3.76	4.84	5.92	7.00
大豆	2.38	7.10	11.82	16.54	21.26	25.98	30.70

表 2.4 显示,受低层大气臭氧的影响,我国主要农作物中以大豆减产最多,其次是冬小麦和玉米。按照表 2.4 给出的结果,当空气中臭氧浓度平均为 50 ppb 时,全国冬小麦减产约 413.2 万吨,约相当于北京市和山西省目前冬小麦产量之和,玉米减产量约为

157.7 万吨,约相当于北京市玉米的全年产量,大豆减产量约为 88.5 万吨,约相当于目前吉林省大豆的年产量。随着臭氧浓度的增加,这种农作物产量的损失还会增大。

前面提到,不同植物对空气中臭氧的敏感程度有很大差异,敏感性较高的植物往往最容易受到伤害。为此,一些研究者对某些高敏感植物建立起了受伤害程度与空气中臭氧浓度的定量关系,即剂量——反应曲线,并利用这种关系来根据植物的受害程度来确定空气中的臭氧浓度,这就是所谓的"臭氧指示生物"和"臭氧的植物监测"。已经查明,典型的臭氧指示生物为烟草、菜豆、葡萄和美洲五针松。而 PAN 的指示生物为莴苣、甜菜等。烟草的"褪色斑"是空气中臭氧引起的,栽培品种 Bel-W3 对空气中臭氧浓度极为敏感,而同时,栽培品种 Bel-B 却对臭氧有相当强的抗性。因此,人们便利用这两个品种在相同环境条件下对空气中臭氧浓度变化作出的反应曲线的斜率变化来确定空气中的臭氧浓度值。菜豆在受到臭氧伤害后会在成熟的叶片上显示出大片的古铜色斑,然后发生褪绿以至叶片脱落。因此,菜豆适于做空气中臭氧的短期监测植物,一般是根据菜豆叶片受害的百分比来判定空气中的臭氧浓度。某些葡萄品种对空气中的臭氧很敏感,如艾夫斯(Ives)葡萄,它在臭氧的影响下叶片上会产生很小的浅紫色的斑点,并随着叶片的老化逐渐形成紫黑色的大斑点。与此同时,另外的品种,如特拉华(Delaware)葡萄却对臭氧有抗性(这类同于烟草),分别建立和比对这两个品种的反应曲线,便可获得空气中臭氧浓度的信息。美洲五针松是一种常绿的针叶裸子植物,它同烟草和葡萄一样,都有一些对臭氧敏感性不同的品种。对于臭氧敏感品种,通常是叶的尖端受到损伤变为褐色或针叶数量减少、针叶斑驳等症状出现。利用臭氧敏感品种树木和对臭氧有抗性的树木品种可以实现对空气中臭氧浓度的长时间"臭氧植物监测"。应当指出,"臭氧植物监测"具有低成本和便于推广等优点,但鉴于土壤及环境因子对指示植物生长的影响,需要对指示植物对臭氧的反应作大量的室内外定量分析,以便获得有效的剂量——反应曲线。

第三章

大气臭氧层的探测

大气臭氧总量的探测

地基探测技术

不言而喻,大气臭氧总量的地基探测技术是指从地面对大气中的臭氧总含量进行探测的技术。臭氧对太阳紫外辐射有很强的吸收作用,这为利用太阳光谱测量大气中的臭氧含量提供了科学依据。早在1920年,法国科学家 C. 法布里(C. Fraby)和 H. 布申(H. Buisson)就通过在地面观测太阳光谱获得了大气中臭氧的总含量,从那时起就拉开了从地面测量大气中臭氧含量的序幕。到目前为止,大气臭氧探测已走过了80多年的里程,臭氧的探测方法和技术有了很大发展,用于探测臭氧浓度的仪器也在不断发展和更新,但是利用臭氧对太阳紫外辐射的吸收来测量大气中臭氧含量的原理仍然是目前臭氧探测中的基本方法。

在讨论大气臭氧探测技术之前,首先介绍一下大气中臭氧浓度的各种量度单位。大气中的臭氧总含量通常用厚度(cm)来表示。这是假定大气中单位面积(如 cm^2)上整层气柱内所有臭氧都归一到标准气压(一个大气压,即 1013.25 hPa)和标准温度(273 K)条件下(STP)所形成的气层厚度数,通常用 cm 表示。为纪念英国科学家 G.M.B. 陶普生(Dobson)在臭氧测量方面做出的贡献,大气中臭氧总含量常用 Dobson 单位(即 DU)来表示,一个 DU 等于 0.001 cm(STP)。在一些文献中,有时把表示臭氧度的单位"cm"写成"cmSTP"即表示是标准状况下(STP)的厘米数,也有的人把这个"cm"写成"atm-cm"(即"大气-厘米"),其意义相同。在实际应用中,除用"厘米"和"DU"外,还广泛采用其他单位来表示臭氧的含量。它们是:

1)臭氧密度(或臭氧质量密度)$\rho(O_3)$,它表示单位空气体积中所含的臭氧质量,常用 kg/m^3,g/m^3 或 μg/m^3 来表示。

2)臭氧柱密度 $\varepsilon(O_3)$,它表示标准状况下(STP),每单位距离内(km)臭氧形成的气层厚度(cm),常用 cm/km(STP)来表示,它与臭氧质量密度 $\rho(O_3)$ 的关系为:$1\varepsilon(O_3)=4.66968\times10^4 \cdot \rho(O_3)$(即 $1\rho(O_3)=2.14148\times10^{-5} \cdot \varepsilon(O_3)$)。

3)臭氧数密度 $\Omega(O_3)$,表示单位体积空气中(m^3 或 cm^3)臭氧的分子数目,通常用 m^{-3} 来表示。

4)臭氧分压 $P(O_3)$,表示在同一温度情况下,空气中臭氧分子的压强,其单位为 Pa 或 hPa(Pa 读作帕斯卡或帕,hPa 读作百帕斯卡或百帕。文献中习惯上有时也用 nb(纳巴)表示,1 nb$=10^{-6}$ hPa)。

5)质量混合比 $\gamma(O_3)$,这是一个无量纲量,它表示在同样气压和温度情况下,臭氧密度 $\rho(O_3)$ 与空气密度 $\rho(a)$ 之比。

6)体积混合比 $\gamma'(O_3)$,也是一个无量纲量,它表示在同样气压和温度情况下,臭氧分子所占的体积 $V(O_3)$ 与空气分子体积 $V(a)$ 之比。由于臭氧与空气的分子量之比平均为 0.603448,所以有 $\gamma'(O_3)=0.603448\gamma(O_3)$。

还可以从这些单位中推出一些导出量。上述各单位之间可以进行相互换算,其换算关系由表 3.1 给出。

表 3.1 大气中臭氧浓度各表示单位之间的换算

导出量	基本量	
	质量密度 $\rho(O_3)$ kg/m³	柱密度 $\varepsilon(O_3)$ cm/km(STP)
质量密度 $\rho(O_3)$ kg/m³	$\rho(O_3)$	$2.14148 \times 10^{-5} \cdot \varepsilon(O_3)$
柱密度 $\varepsilon(O_3)$ cm/km(STP)	$4.66968 \times 10^4 \cdot \rho(O_3)$	$\varepsilon(O_3)$
数密度 $n(O_3)$, m⁻³	$1.25467 \times 10^{25} \cdot \rho(O_3)$	$2.68684 \times 10^{20} \cdot \varepsilon(O_3)$
分压 $P(O_3)$, hPa	$1.73222 \cdot T \cdot \rho(O_3)$	$3.70951 \times 10^{-5} \cdot T \cdot \varepsilon(O_3)$
质量混合比 $\gamma(O_3)$,无量纲	$\rho(O_3)/\rho(a)$	$2.14148 \times 10^{-5} \cdot \varepsilon(O_3)/\rho(a)$
体积混合比 $\gamma'(O_3)$,无量纲	$0.603448 \cdot \rho(O_3)/\rho(a)$	$1.29227 \times 10^{-5} \cdot \varepsilon(O_3)/\rho(a)$

对大气中的臭氧含量之所以有很多单位来表示,一方面是考虑到人们的一些习惯用法,同时也满足人们在研究臭氧的不同特征时的方便。例如,人们在表示大气中臭氧的总量时(实际上是气柱总量)习惯用"DU"来表示,在讨论大气中某一水平路径上的臭氧含量时则用柱密度(cm/km(STP))来表示,在研究臭氧在大气中随高度分布时,最常用的单位是臭氧分压。在环境部门为表示空气中臭氧含量常用"μg/m³"作单位,这实际上是臭氧质量密度的导出单位。在此以前,人们还常用 ppm 或 ppb 等单位来表示臭氧的含量,这些单位实际上指的是臭氧的体积混合比 $\gamma'(O_3)$,分别表示 10^{-6} 和 10^{-9},目前 ppm 和 ppb 在标准计量单位中已被废除,尽管有些部门还在按习惯沿用。应当指出,人们常说的"浓度"一词是习惯说法,但在概念上是模糊的。"臭氧浓度"一词更接近于臭氧质量密度或混合比。学者们在研究大气中的臭氧垂直廓线时(即臭氧含量随高度的变化曲线),常常使用臭氧分压、臭氧质量密度、臭氧数密度和臭氧混合比等单位。图 3.1 给出了用不同单位表示的臭氧垂直分布曲线示意图。由定义和表 3.1 可见,在给定的温度条件下,臭氧分压正比于臭氧密度,同时由于在平流层中温度的变化比较小,因而 $\rho(O_3)$ 和 $P(O_3)$ 通常在 20~25 km 高度范围内达到

最大值,再往上则随高度而明显减小。但臭氧混合比(无论是 γ(O₃)还是 γ'(O₃))的最大值一般出现在 30 km 以上,这是由于在 20~50 km 高度范围内,空气密度随高度的减小要比臭氧密度随高度的减小更快引起的。同样道理,臭氧数密度极大值出现的高度也在混合比极大值的高度之下。

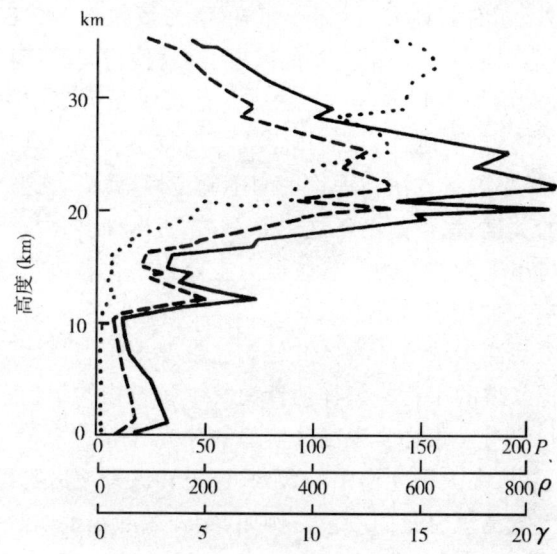

图 3.1 用不同单位表示的臭氧垂直分布曲线示意图
图中,P(nb),ρ(mg/m³),$\gamma(10^{-6})$

(1) 地基测量大气臭氧总量的原理

前面已经提到,臭氧在电磁波的紫外波段/可见光谱段和红外波段均有明显的吸收带,因此,当太阳辐射进入地球大气顶部并向地球表面传送时便会受到大气中臭氧在相应波段上的吸收,其结果是导致在这些波段上太阳辐射能的减弱,其减弱程度显然取决于大气中的臭氧含量多少和相应波段处的臭氧吸收强度大小。据此,可以从理论上计算得到某一波长处太阳辐射能量的减弱值与大气中臭氧含量的定量关系。与此同时,科学家们在大量研究工作的基础上，先后发展了多种技术和方法来定量确定太阳辐射在到达地球表面过程中的减弱量值，并根据这一实际减弱量值来确定大气中臭氧的实际含量。这就是从地面上测量大气臭氧总量的基本原理。当然，太阳辐射在到达地面前的大气传输过程中所受到的减弱与大气中臭氧含量之间的关系并不唯一，也就是说，大气中除了臭氧之外，还有其他大气组分，如氧气、二氧化碳、水汽、各种颗粒物等，也能引起太阳辐射能量的减弱。这就使得问题变得复杂起来，并且大大增加了利用这一方法来从地面测量大气中臭氧含量的难度和不确定性。因此，如何排除或尽量减小大气中其他组分的干扰，如何减小测量方法在理论上的不确定性，就成为这一方法实际应用中的关键，也正是由于这一原因，才使得许多科技工作者已经和正在付出辛勤的努力。这些努力主要集中在解决与这一方法实际应用有关的诸多理论和技术问题，其中包括选取哪一个波段进行测量？对测量选用的具体波长有什么要求？怎样排除或估计大气中其他气体的干扰？怎样估计大气中颗粒物的干扰？选择什么技术进行测量？怎样实现高分辨率的分光等等。

原则上讲，在太阳光谱中的紫外、可见和红外波区都可以实现从地面对大气臭氧总量的测量。例如，紫外区的霍根斯吸收带，可见光区的夏皮尤吸收带以及红外区中心波长位于 $9.57\ \mu m$ 和 $4.75\ \mu m$ 的吸收带等均已被用来进行这种测量。但是，正如上面指出的那样，无论选择那一个波段，排除大气中其他组分的干扰是一个最基本的问题。这一点对于位于可见光区的夏皮尤带尤为重要，因为在这一波区大气中的颗粒物会对测量造成极大的困难，这不仅是因为颗粒物本身在可见光区有着很复杂的散射和吸收特性，而且也由于大气中颗粒物浓度巨大的时空变化特征，所有这些使得对大气中颗粒物干扰的估计和消除变得十分困难。红外波段目前已广泛应用于对大气中多种气体组分的测量，但相对而言，太阳在红外区的辐射强度逐渐变弱，而各类背景辐射的干扰却相对较强，从而增加了高分辨率测量的难度。另外，在红外区，大气中其他多种气体组分都有强弱不同的吸收带,因此,它们(尤其是 CO_2 和 H_2O)的干扰也变得相当严重。不仅如此,在红外区,臭氧的吸收是由分子的振动和转动造成的,因此,臭氧的吸收系数与压力和温度有关,这就大大增加了问题的复杂性。考虑到上述情况,目前在地面测量大气中臭氧总量的工作都选择在紫外波区。

在紫外波区,臭氧最强的吸收带是哈特莱带,在这个吸收带的中心波长 2553 Å 处,其吸收系数达到 135 cm^{-1}。这就是说,若臭氧总含量为 0.3 cm,则在正常压力情况下,便可以使通过该臭氧层的辐射减弱到 10^{-40},而在波长为 2972 Å 处,臭氧的吸收系数降为 6.3 cm^{-1}。由于大气中臭氧哈特莱带的强烈吸收,致使波长小于 2900 Å 的太阳辐射几乎无法达到地面,因此在地面利用太阳辐射测量大气臭氧总量的工作都选择在波长大于 3000 Å 处的紫外波区。

为了消除或降低大气中臭氧以外的其他组分(在波长大于 300 Å 的紫外区主要是大气中的颗粒物)的影响,在实际工作中通常是采用双波长技术。也就是说同时选择一对或两对波长进行测量。这种测量技术的基本思路是,根据臭氧在紫外波区(波长大于 3000 Å)吸收光谱的细微结构,选择臭氧吸收系数较大的波长做为测量波长(通常记为 λ_{on}),在这一波长的附近选择另一个臭氧吸收较弱的波长作为参考波长(通常记为 λ_{off})。这样,这两个波长处的太阳辐射同时受到大气臭氧和大气中颗粒物的减弱,但臭氧的吸收有很强的波长选择性,即在 λ_{on} 和 λ_{off} 处的吸收有很大的差异,而颗粒物对太阳紫外波段的减弱却有着一定的规律,而且尚无波长选择性。这样通过对这两个波长处获得的辐射能量进行数学处理便可以有效地消除其他因素的影响,并根据这两个波长处太阳辐射的减弱程度来确定大气中臭氧的实际含量。在实际应用中,还可以同时使用两对波长以便更有效地消除其他因素的干扰,提高臭氧的确定精度。

(2) 地基测量大气臭氧总量的仪器

根据上述测量原理，曾经发展了多种技术来从地面测量大气中的臭氧总量，目前各国使用的这类仪器大约有 15 种之多，其中获得广泛应用的仪器是：陶普生(Dobson)分光光度计，布瑞沃尔(Brewer)分光光度计和滤光片型臭氧测量仪。下面对这些测量仪器分别做一简单介绍。

陶普生臭氧分光光度计(Dobson Ozone Spectrophotometer)

这是英国科学家 G. M. B. 陶普生设计的专门利用太阳光谱从地面测量大气臭氧总量的紫外光谱仪器，首次应用是在 1931 年。在 20 世纪 50 年代，陶普生又对光谱仪的结构和测量方法进行了改进，使之得到了进一步的完善。随后便逐渐得到了推广，尤其在 1957 年前后的国际地球物理年期间，陶普生分光光度计作为测量臭氧总量的仪器被世界各地的许多台站采用，并一直到现在。在长期使用过程中，陶普生分光光度计得到了不断完善和改进，尤其是 20 世纪 90 年代以来随着电子技术和计算技术的发展，陶普生分光光度计在测量操作以及信号、数据处理等方面得到了进一步改善。目前的陶普生分光光度计不仅可以通过观测太阳和月亮(月光强度约为日光强度的 60 万分之一)的直接辐射来确定大气中的臭氧总量，同时也可以通过观测天空散射光来测量臭氧。实际上目前陶普生分光光度计已成为全世界绝大多数大气臭氧观测台站的日常业务观测仪器，同是又是当前大气臭氧观测的标准仪器。

陶普生分光光度计实际上是一台自动准直型的双单色仪。它的最大特点是可以选取多组工作波长并获得高的光谱分辨率，同时可以最大限度地消除仪器内部的杂散光以保证仪器有足够的信噪比和测量精度。

在陶普生分光光度计中，为测量臭氧总量曾选用了几组标准的波长对，这就是 A(3055 和 3254 Å)，B(3088 和 3291 Å)，C

(3114 和 3324 Å)和 D(3176 和 3398 Å)。这些波长对选择的基本原则是两个波长的间距尽量小,但臭氧在这两个波长处的吸收系数却要尽量大。除上述四对波长外,有时还选用一对 C'(3324 Å 和 4536 Å)用以专门估算大气中的颗粒物的影响。在实际观测时,人们往往都采用 AD 两对波长,因为计算表明,同时利用这两对波长测量臭氧总量的误差最小。

图 3.2 是目前位于中国科学院大气物理研究所内的陶普生臭氧仪的外形图。这台仪器自 20 世纪 70 年代末开始在北京对大气臭氧总量进行观测至今。

布瑞沃尔分光光度计(Brewer Ozone Spectrophotometer)

布瑞沃尔臭氧分光光度计是加拿大科学技术公司研制的一种

图 3.2　陶普生臭氧仪外形

主要用以测量大气臭氧总量的仪器。仪器的研制始于20世纪70年代中期,当时世界气象组织(WMO)建议加拿大环境局研制全自动的臭氧监测仪以逐渐替代仍需人工操作的陶普生臭氧监测仪。第一台布瑞沃尔臭氧仪于20世纪70年代末研制成功并用以臭氧测量,随后,于1982年正式安装到台站进行业观测并进行相应的国际比对观测。

布瑞沃尔臭氧仪是一种完全自动化的臭氧观测仪器,它的主体由三部分组成,即前置光学系统(用以跟踪和引导太阳光进入仪器)、光谱仪和电子控制系统。光谱仪的工作范围为295～330 nm,工作波长为:306.3 nm、310.1 nm、313.5 nm、316.7 nm 和 320.1 nm。微处理机可以实现对观测资料的采集和处理,并具有控制功能,使观测工作按预先设定好的程序进行。两个内部标准光源用以对仪器的波长和光谱仪的灵敏度进行标定。布瑞沃尔分光光度计主要用以测量臭氧总量,同时也可用以测量大气中的二氧化硫含量。仪器观测时可指向太阳,也可指向天顶或借助月光进行测量。仪器还配有专门的漫射半球罩、石英罩以及相应的配套光学装置以便进行太阳紫外B辐射测量。

布瑞沃尔臭氧仪以它的高度自动化、多功能以及体积和重量(主体25 kg,70 cm×46 cm×21 cm)等优势自20世纪80年代初至今已得到较广泛的应用。除加拿大本国外,台湾、德国、瑞典、希腊、比利时、美国等国家和地区也在使用布瑞沃尔臭氧仪,中国的瓦里关山本底站、南极中山站、临安站等也用布瑞沃尔臭氧仪进行观测。与此同时,加拿大科学技术公司还对某些布瑞沃尔仪器进行了改进以用来测量对流层和平流层中的 NO_x 和 ClO_x。

滤光片型臭氧测量仪(Filter Ozonemeter)

陶普生分光光度计和布瑞沃尔分光光度计都属于精密光学仪器,它们的共同特点是借助于昂贵而精密的棱镜或光栅等分光器件从太阳光中分离出所需要的波长,由于使用的波段很窄(通常为10～30 Å),因此其能量也很小,这就需要高灵敏度的光电探测器。不仅如此,由于这种高分辨率的光谱仪器工作在紫外波段,因此,不仅需要高质量的透紫外光的光学部件(通常为石英晶体),而且需要采取很多措施来消除杂散光的影响。所有这一切,使得这些类型的光谱仪价值很昂贵。例如,一台陶普生分光光度计的价值约为10万美元左右),同时在维护和使用方面也需要专门的技术人员。

正是由于这一原因,随着大气臭氧测量工作的开展,许多科技人员开始寻求价值低廉、便于操作和推广的臭氧测量仪器,为此,人们研制出了各种类型的光度计、摄谱仪等。其中获得较广泛应用的是前苏联地球物理观测总台古欣(Guxin)等人研制的 M-83 和 M-124 滤光片型臭氧测量仪。这种仪器最大的特点是采用普通或干涉滤光片来代替精密而昂贵的棱镜或光栅等分光器件。这种仪器中所使用的滤光片透光范围较宽,一般在 200 Å 左右,因此所产生的问题是,在这样宽的光谱区间,大气臭氧的吸收系数会在很大范围内变化,这就导致了臭氧测量中的不唯一性。为此,所有滤光片型臭氧仪中均采用所谓"有效波长"的概念。它的物理意义是在仪器光电接收器灵敏度和滤光片的透过率一定的情况下,仪器测得的最大能量所对应的波长,这个波长通常是理论上算出来的。有了这个有效波长以及与它相对应的臭氧吸收系数值,便可以根据光电接收器的输出计算臭氧含量了。

滤光片型臭氧仪广泛应用于前苏联的臭氧观测站网上。与此同时,古欣等人还根据同样的原理研制了专门用于在飞机上进行臭氧观测的滤光片型飞机臭氧测量仪。与陶普生分光光度计的平行观测显示,这类仪器对臭氧的观测误差平均为 10% 左右。

滤光片型臭氧仪在前苏联的广泛应用,使得前苏联的臭氧观测站网迅速发展,形成了全球最密集的臭氧观测网站。

但是,应当指出,一般滤光片型臭氧仪均属宽带仪器。尽管引入了"有效波长"的概念,但这种宽带滤光片的固有问题在理论上并没有解决。观测实践表明,"有效波长"随着大气中的臭氧含量和太阳高度角的变化而变,并且这种变化因大气状况(如气溶胶含量等)而变,因此,在太阳高度角低和在大气能见度较低等情况下,这类仪器的测量结果会有更大的误差。为此,在改进型的 M-124 滤光片型臭氧仪中,使用了波段范围很窄的干涉滤光片,并将光电倍增管改为光敏电阻,使仪器的结构和测量精度得到了较大改善。新的 M-124 臭氧仪已在俄罗斯臭氧观测网站上。

上述测量臭氧的仪器除了用于观测大气中臭氧总量之外,还用于获得大气臭氧垂直分布的资料,前者是直接测量选定波长处的来自太阳面的直接辐射,而后者则是通过观测天顶方向的散射太阳辐射来实现的。

利用测量天顶方向的太阳散射辐射来获得大气中臭氧垂直分布信息的方法被称为"逆转法"。这一方法是由瑞士科学家 F. W. 高茨(F. W. Gotz)等人首先应用的,早在 1929 年,通过实验,高茨就发现在用选定的一对紫外波长 λ_1 和 λ_2 观测太阳辐射时,其辐射强度的比值(分别为 $I(\lambda_1)$ 和 $I(\lambda_2)$)的对数(即 $\lg(I(\lambda_1)/I(\lambda_2))$开始随太阳高度降低而减小,但到一定太阳高度时(一般在 5° 左右),这一比值的对数值却随着太阳高度角的进一步降低而增大,高茨当时称这一现象为"逆转效应"。这一现象的实质是对于选定波长而言,随着太阳高度角的下降,对天顶处散射辐射强度贡献最大的大气层次也会不断变化。由于大气臭氧层的存在和两个波长处的臭氧吸收系数不同,因此便会出现"逆转效应"。用"逆转法"来观测不同高度的臭氧浓度,误差相对较大,随着臭氧探空仪的使用,这种方法已退居第二位。但目前全世界仍有大约 17 个观测站进行这类观测,并将其观测资料在 WOUDC 中公布。

全球大气臭氧监测网

对大气臭氧总量的首次定量观测始于 1920 年,之后于 1926 年率先在欧洲建立了 6 个大气臭氧总量观测站。随后,在全世界范围内观测臭氧的站点不断增加。1955年,筹备国际地球物理年(IGY),首次提出了建立全球臭氧观测网的建议。这个建议被WMO采纳,并于1957年WMO正式组织筹建了全球臭氧观测网(GO_3OS),同年投入观测运行。与此同时,WMO与国际臭氧委员会合作,组织制定了大气臭氧标准观测方法、标定方法以及资料处理方法等一系列规范。所有这些都为全球大气臭氧观测网的运行和发展打下了基础。在IGY期间和以后,GO_3OS得到了很快的发展,在观测规范化,观测仪器研制、比对和改进,人员培训以及资料整编等方面也都取得了很大的进展。之后,根据观测和管理工作的需求,GO_3OS与上个世纪70年代发展起来的大气污染本底监测网(BAPoN)共同组成全球大气监测网(GAW)。

目前,参与GO_3OS的有全世界60多个国家和地区,在WMO进行登记的观测站已有近350个。但其中坚持日常业务观测并按时报送资料的约有150多个观测站。所有这些站每天都按照统一的观测规范测量大气臭氧总量,其观测数据由位于加拿大的世界臭氧资料中心负责校对、整编、出版和发行。在GO_3OS观测网站上,所使用的观测仪器主要是陶普生臭氧仪(约100多个观测站),有20多个观测站使用布瑞沃尔自动臭氧观测仪,还有一些观测站(主要是俄罗斯和东欧一些国家)使用宽波段滤光片式臭氧观测仪。根据WMO的有关规定,所有报送资料的观测仪器都要进行定期标定和对比观测,为此,WMO在世界各地先后建立了若干地区中心,专门负责本地区范围内臭氧观测仪的比对和标定工作。

中国目前有6个站在进行正常的大气臭氧观测,它们是北京站、昆明站、瓦里关山站、临安站、龙凤山站和南极中山站,其中北京站、昆明站和瓦里关山站都按时向WMO报送观测资料。

全球大气臭氧观测资料

对GO_3OS网站观测资料的收集、校正、整编和出版是一件非常重要,但又很复杂的事情。资料的完整性、可比性和可靠性始终是这一庞大工作的核心,也是臭氧资料的价值所在。

位于全世界各地的 150 多个地基观测站每天都按 WMO 规定的规范进行大气臭氧柱总量的观测。由于大部分站点使用的仪器是尚未完全自动化的陶普生臭氧仪,因此通常情况下是每小时观测一次,然后根据多次观测计算出每天的臭氧日均值并对其进行订正和初步整理。经过整理的臭氧日均值统一发往位于加拿大的世界臭氧和紫外辐射资料中心(WOUDC)。这个中心将来自全世界各站点的资料按使用仪器的种类进行归类、核对和可靠性检验。资料中心在对资料进行核查过程中若发现问题会再次与相关观测站进行核对和磋商,以确定数据的可用性。在此之后,资料中心按照观测站编号顺序将臭氧总量资料整编、印刷并发往各观测站和有关部门,使用者可方便地查阅这些资料。

除大气臭氧总量资料外,世界各地的臭氧探空资料(即臭氧的垂直分布廓线资料)也发往世界臭氧和紫外辐射资料中心,同时发往资料中心的还有一些网站上采用 Umkehr 方法获得的大气臭氧垂直廓线资料。对这些资料的整编和核查要复杂得多,其中最主要的原因是这些资料的精度相对较低,同时各站使用的臭氧探空仪种类和探测精度也不尽相同。另一方面,臭氧高空探测资料相对较少,一般的观测站是每周施放一次。为了使这些资料具有可比性,通常是对它们进行归一化处理,即对每条臭氧垂直分布廓线做积分处理以获得探测高度范围内的臭氧总量,并通过合理的方法估算探测高度以上大气中的臭氧量,最后得到探测期间的臭氧柱总量。在此基础上,再将获得的臭氧柱总量与用陶普生臭氧仪测得的高精度臭氧柱总量进行归一化比对,并根据归一化因子对臭氧垂直分布廓线进行逐条订正。因此,在使用这些资料时,应当注意它们是否进行过归一化处理。通常,臭氧垂直分布廓线资料都按规定等压面高度的格式给出,以便和相应的气象资料作比对使用。

世界臭氧和紫外辐射资料中心最后将所有臭氧资料以资料集的形式发布,同时也以光盘形式发布,供使用者索取使用。

大气臭氧空间分布的探测

大气臭氧的气球探测

大气中的臭氧浓度有着较大的时空变化,了解这种变化对认识和研究大气中的物理、化学和动力学过程有着十分重要的价值,尤其是当前大气臭氧层出现全球性耗损的情况下,及时了解大气中臭氧的时空变化对全球气候和环境变化研究有着重要意义。因此,科技工作者们发展了多种技术手段来监测大气臭氧在不同地区、不同高度和不同时间的变化。这些探测技术包括气球探测技术、飞机探测、激光雷达探测、卫星探测等等。在这些技术中,气球探测以它的经济、方便和可靠等优势获得了较广泛的使用。

利用气球技术进行大气臭氧时空变化探测的基本思路是用气球将测量臭氧的仪器载入空中。这样在气球升空过程中,仪器实时、快速地测量气球到达高度空气中的臭氧并将测量结果发回地面,从而获得气球施放地区上空各个高度上的大气臭氧浓度资料。

根据使用的臭氧测量仪器不同,大气臭氧气球测量技术基本上分两大类,其一是平流层气球探测技术,其二是臭氧探空技术。

平流层气球探测技术是专门用以探测平流层中各种气象和大气物理要素变化的大型气球探测系统。由于它具有飞行高度高和有效载荷量大等特点,并且能回收,因此,除了气象观测外,还用来进行有关空间天文、空间物理、高能物理、空间生物学以及其他环境、遥感等方面的试验研究。根据使用需求,平流层气球的体积可从 1 万 m^3 到 40 万 m^3,最大飞行高度可达 45 km,因此也被称为高空气球探测技术。平流层气球探测技术是一个系统工程,它涉及到球体、气球发放、飞行系统、气象保证系统、遥测、遥控、跟踪系统、吊篮回收系统、姿态控制系统等等。在进行大气臭氧探测时,通常是将臭氧测量仪(如紫外吸收臭氧测量仪)放置在专门的吊篮里。根据仪器和相应辅助设备的重量(一般为 80~100 kg)和需要探测的最大高度来选择适当的气球。气球上升过程中,臭氧测量仪适时测量每一高度处空气中的臭氧量并将测量结果记录在数据芯片中和通过遥测通道发往地面数据接收中心。当气球飞行到指定高度之后,通过遥控通道由地面指挥中心发送指令将仪器吊篮与气球切割,仪器吊篮借助于降落伞落地回收,最后对测量资料进行处理获得大气臭氧的垂直分布廓线(至飞行的最大高度)。由此可见,对于臭氧探测而言,平流层气球探测技术的最大优点是探测高度高,可以同时进行多种要素测量,而且可以根据需要在某一指定高度上进行平飞(即高度不变)测量。但是这种探测技术的费用昂贵,需要多种技术系统和相应专业人员共同配合,因此适用于专项试验测量,而不适用于日常业务观测。

大气臭氧探空技术是用小型气球携带小型臭氧传感器来获得大气中不同高度臭氧资料的气球探测技术。由于它的探测方式与气象业务中施放的无线电气象探空仪类似,因此这种测量臭氧的气球探测技术被称为大气臭氧探空技术,用于气球上测量臭氧浓度的仪器被称为臭氧探空仪。与平流层气球探测技术相比,这种气球飞行的高度较低(一般不超过 35 km)。由于臭氧探测仪器本身重量很轻(通常为 1 kg 左右),因此所使用的气球体积也很小,一般无线电气象探空仪施放用的高质量气球均可满足要求。这种探测技术使用方便,价格低廉,因此在全世界各地获得了广泛应用,是目前唯一投入业务使用的大气臭氧直接探测系统。

首次臭氧气球探测试验是在 1934 年由 V. 瑞格涅(Regener)兄弟俩完成的。当时他们在气球上放置了摄谱仪,用紫外光谱进行臭氧观测。他们的观测首次直接证实了大气中臭氧的最大浓度位于 20 km 附近的高度上。

大气臭氧探空技术的核心是气球所携带的臭氧传感器,根据所采用的臭氧传感器的类型差别,大气臭氧探空仪的种类很多,其中获得应用的主要有光学臭氧探空仪和电化学臭氧探空仪,化学发光臭氧探空仪等。

(1) 光学臭氧探空仪

光学臭氧探空仪在 1958 年首次投入使用。它实际上是一个简单的滤光片式的紫外辐射测量仪,它的工作原理同普通的光学测量仪器一样。通过一套由球形接收面、滤光片和光电管组成的光学系统,将照射在球形接收面上一定波长范围内的太阳紫外辐射转变为电流信号,并根据这一信号的大小按预先标定好的曲线来确定臭氧量的大小。

在气球上升过程,探空仪实时测量到达仪器接收面上的太阳紫外辐射的变化。因此,这种类型探空仪直接得到的是位于仪器上方大气中臭氧的总含量,最后处理得到臭氧随高度的分布廓线。光学臭氧探空仪直接测量的是太阳的紫外辐射,因此其接收面要求直接对准太阳所在方向。这一要求在气球飞行过程中往往难以达到。同时,仪器中所采用的紫外滤光片的光学特性也应当稳定。不仅如此,在对观测资料进行处理时,还要考虑到天空散射光的影响等等。由于这些原因,尽管这类臭氧探空仪先后在美国、英国、德国、日本以及前苏联等国都进行了研制和使用,但始终没有投入业务使用。

(2) 化学发光臭氧探空仪

本书在介绍臭氧的理化性质时曾提到,臭氧可以与一些有机染料进行相互作用,使这些有机染料在含有臭氧的空气中产生荧光,荧光的强度与空气中臭氧的浓度有关,化学发光臭氧探空仪就是根据这一原理设计的。所使用的发光物质一般为鲁米纳或洛丹明。在实际应用中,一般是将洛丹明-B 的水溶液先与二氧化硅凝胶混合,然后再与阿拉伯树胶混合,并经 200℃ 左右的真空烘干而制成一种含有洛丹明-B 的矽土胶。这样制备出来的含有洛丹明-B 的发光粉不会再受空气中湿度的影响,且不会再老化,洛丹明也不会再挥发,而且其发光强度正比于空气中的臭氧浓度。不仅如此,含有洛丹明-B 的发光粉对大气中的二氧化氮、二氧化硫等污染物质不敏感。化学发光臭氧探空仪的核心部件是一个精制的曝光暗室,暗室的底部是一个用特殊工艺涂满含有洛丹明-B发光粉的有机玻璃圆盘,上部则是与圆盘相对的光电管探测器,被测空气经过一个细管由波纹式气筒(气箱泵)按一定速率进入暗室。这样当被测空气中有臭氧存在时,洛丹明-B的荧光被光电管直接探测并根据仪器的标定数据得到被测空气中臭氧的浓度。

化学发光臭氧探空仪具有重量轻(约重1 kg)、灵敏度高、选择性强、响应时间短等优点,因此,自1962年投入使用以来已在全世界很多地方进行了施放,甚至在南极地区恶劣的气象条件下也进行了应用施放。但这类臭氧探空仪最主要的问题是发光粉的制作工艺和曝光暗室的结构。在使用过程中,洛丹明的挥发、暗室的透光等会直接影响测量结果。

另外,气箱泵在不同压力情况下的稳定性也是影响测量结果的重要因素。所有这些因素使得化学发光臭氧探空仪至今没有真正投入业务使用。

(3) 电化学臭氧探空仪

电化学臭氧探空仪是根据臭氧与无机物发生分解反应的原理制成的臭氧测量仪器。通常利用的是臭氧分解碘化钾的反应。利用这一原理研制成了不同类型的电化学臭氧探空仪,并已成为当前应用最广泛的臭氧探空仪类型。

基于臭氧分解碘化钾溶液的电化学臭氧探空的基本工作原理如下:电化学式臭氧探空仪的工作基础是样品空气中的臭氧与反应池中碘化钾溶液起化学反应释放出自由碘,这一反应过程可用下述简单的化学反应式表示:

$$O_3 + 2I^- + H_2O \rightarrow O_2 + I_2 + 2OH^-$$

当在溶液中放入阴、阳两个电极时,自由碘与阴极铂网接触,重新还原成碘离子,即

$$I_2 + 2e \rightarrow 2I^-$$

而在碳阳极上则发生以下反应

$$C + 2OH^- \rightarrow CO + H_2O + 2e$$

在此氧化还原反应过程中形成流动电流,若反应完全充分,即一个臭氧分子产生 2 个电子的电流。这样通过对装有碘化钾溶液的反应池和阴、阳极的精心设计和让一定数量的含有臭氧的空气连续不断地进入反应池,便可根据所产生电流的大小来定量确定空气中所含的臭氧量。

由上述工作原理可知,电化学臭氧探空仪的关键部件就是精心设计的装有碘化钾溶液的反应池,保证臭氧与碘化钾溶液进行正常反应。

根据上述臭氧的电化学反应原理,很多国家,包括英国、德国、日本、美国、加拿大、印度等国研制出了不同类型的电化学臭氧探空仪。其中比较有代表性的有英国的 Brewer-Mast 臭氧探空仪,日本的 KC-79 臭氧探空仪和加拿大的双池电化学臭氧探空仪。

Brewer-Mast 电化学臭氧探空仪生产于 1958 年。这是一种结构简单的臭氧检测器,主要部分是一根玻璃杆,它的上部缠绕有 30 余圈铂金丝作阴极,下部是用铂金丝制成的阳极,碘化钾溶液通过特制的毛细管沿玻璃杆流动,与此同时,被测空气也通过环形的空隙绕玻璃杆以一定的速率流动,从而使环形空隙空气中的臭氧与碘化钾溶液发生反应而实现对空气中臭氧浓度的测量。这种类型的臭氧探空仪经过不断改进和完善,目前在一些国家得到了业务应用。

KC-79 型电化学臭氧探空仪是日本 20 世纪 70 年代研制并投入业务使用的。这是用一个有机玻璃做反应容器的单池臭氧检测器,有机玻璃池中放有碘化钾溶液,用做阴极的铂金网放置在反应池的中央,池的底部是碳阳极,这样当含有臭氧的空气进入反应池后便会有臭氧与碘化钾溶液的反应,并在阴、阳两极间形成流动电荷,从而实现对臭氧浓度的测量。

双池电化学反应池是 1964 年加拿大学者 W. D. Kombyr 设计的一种新型结构的臭氧检测器。它由两个反应小池(室)组成。阴极和阳极(都由铂金制成)分别被放置在两个相同的小室内(分别称阴极室和阳极室)。两个小室由离子桥(即石棉纤维)连通,两个池内均放有碘化钾溶液。专用的气泵将被测空气泵入溶液中以实现臭氧和碘化钾溶液的反应,达到测量臭氧浓度的目的。该类型臭氧探空仪自60年代投入使用以来得到了较广泛的推广,是目前应用最广的电化学臭氧探空仪。这种类型的臭氧探空仪后来被称为ECC(即电化学反应池)臭氧反应池并与芬兰Vaisala公司生产的普通无线电探空仪组合在一起成为目前很多国家施放大气臭氧探空仪的首选产品。

中国自20世纪80年代末开始试制大气臭氧探空仪,经过10多年的不断改进和完善研制成功了电化学臭氧探空仪,并先后在北京地区和南极中山站施放了100多个,首次获得了这些地区上空大气臭氧的变化资料。2000年以来,自行研制的IAP型电化学臭氧传感器又与我国研制成功的GPS无线电探空仪一起组成了$GPSO_3$大气臭氧探空仪,并从2001年开始在北京地区开始了定期施放,为我国大气臭氧高空探测的业务化创造了条件。

我国研制的电化学臭氧探空仪属电化学式,图3.3是电化学臭氧反应池的结构图,这是一种单池结构即阴极和阳极均在同一反应池中。池体由有机玻璃制成,阴极为铂金网,阳极为碳极。工作时,专门研制的气泵将被测空气通过细管泵入装有碘化钾溶液的臭氧反应池以实现臭氧与碘化钾溶液的反应。所产生的电流信号经过电子线路与其它传感器(大气的温、湿、压等)的信号一同进入数字处理器,最后和GPS信号一起由同一个发射机将资料发回地面。地面接收系统包括一台GPS接收机和一台专用PC机。来自臭氧探空仪的信号经过接收、解调等处理之后送入PC机进行程序化处理,最后得到所需要的臭氧、气压、温度、湿度以及风向、风速等物理量。在气球飞行过程中,PC机对测量资料进行实时处理和显示(包括数字显示和廓线显示),同时专门窗口还实时显示气球飞行的轨迹。图3.5是$GPSO_3$臭氧探空仪是地面接收、处理系统工作的实况图。计算机界面实时显示各测量要素的数字量和廓线便于操作人员及时了解臭氧探空仪的工作状态和飞行状况。GPSO$_3$ 臭氧探空仪的探测的最终结果是以表格的形式给出各等压面高度上和各特性层高度上臭氧含量以及其它气象要素的数值,同时给出各测量要素的垂直分布廓线。图 3.4 是利用 GPSO$_3$ 臭氧探空仪获得的北京地区上空大气臭氧的垂直分布廓线。据此,可以获得探测期间北京上空的臭氧总量、不同高度臭氧含量以及臭氧随高度的变化特征等资料。

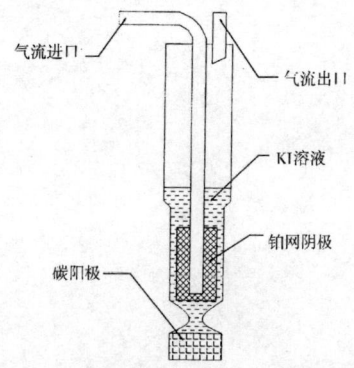

图 3.3 电化学臭氧反应池的结构图

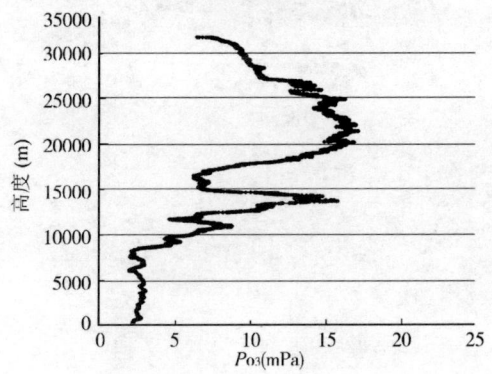

图 3.4 北京地区上空臭氧垂直分布廓线实例
(2002 年 1 月 21 日)

80 · 大气臭氧层和臭氧洞

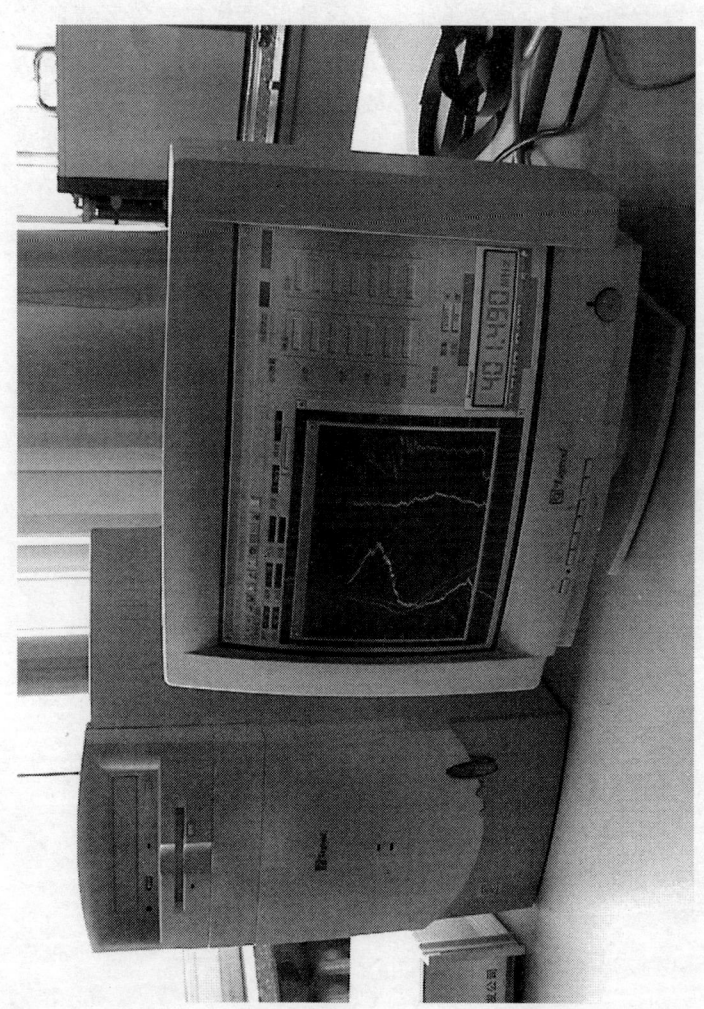

图 3.5 GPSO$_3$ 臭氧探空仪地面接收和处理系统

大气臭氧的激光雷达观测

　　大气臭氧的气球观测,尤其是臭氧探空仪的施放观测经济、方便,是直接获得大气中不同高度上臭氧变化的有效技术手段。但是臭氧的气球探测在一定程度上受到气象条件的限制。例如,气球的施放要考虑到风速的影响,在恶劣天气条件下施放探空气球是一件很困难的事。另一方面,臭氧探空仪是消耗性施放,尽管费用比较低廉(相对普通无线电气象探空仪而言),但长期连续施放也会造成一定的经济负担(进口臭氧探空仪施放一次消费人民币约1万元,国产臭氧探空仪施放一次消费人民币约5000元)。正是由于这一原因,目前在全世界范围内进行正常臭氧探空仪施放的(每周一次)观测站仅有30余个。

　　用激光雷达来遥测大气中臭氧的变化已有很多年的历史。这是激光技术大气应用的一个重要方面。20世纪60年代以来激光技术飞速发展,几乎同时,激光技术在大气探测方面获得了应用。激光大气探测最早始于对大气烟尘等污染物质的监测,之后是对大气气溶胶和水汽等组分的监测。激光对大气臭氧的监测始于20世纪70年代,但由于技术方面的原因发展很慢,在80年代之前全世界用以探测大气臭氧的激光雷达不超过5台。但是从20世纪80年代后期至今,用以探测大气臭氧的激光雷达有了很大的发展,目前报导的已达20多台。美国、加拿大、日本、俄国、德国、法国、意大利、英国、瑞典等国均已研制了大气臭氧探测激光雷达。中国科学院安徽光机所、中国科学院大气物理研究所等单位也研制成功了大气臭氧探测激光雷达。

　　当一束激光进入大气之后,在其传播路径上会与大气介质发生相互作用,其中主要是受到大气中颗粒物的散射和相关气体的吸收。吸收和散射是两种不同的物理过程,一般而言,在一定条件下,散射只与大气中颗粒物的浓度、大小和种类有关,而且是波长的变化函数。这就是说,在大气条件不变的情况下,位置相近的两个波长在大气中传播时产生的散射效应基本上是一样的。而吸收则不然,一般情况下它有很强的波长选择性。也就是说不同波长处的吸收可能差别很大。如果选择两束不同波长的激光,臭氧对其中一束激光有很强的吸收(称测量波长),而对相近的另一束没有吸收或者吸收很弱,让它们同时沿着同一大气路径传播,由于这两束光的波长相近,因此它们在传播过程中受到的散射基本相同,这样两束光的信号强度差别就是由于大气中臭氧对它们的吸收不同造成的。通过相应的技术分析这两束光的强度随时间的变化就能获得大气中不同距离处的臭氧浓度。这就是激光探测大气臭氧的基本原理,通常把这种原理称激光差分吸收散射原理。由于大气臭氧在紫外波段有很强的选择吸收,因此在实际应用中,一般选择工作在紫外波长区的激光器。在当今使用的激光雷达中,基本上都选择 308 nm 作为测量波长,即臭氧在此波长处有很强的吸收,同时选择 355 nm 作为参考波长(臭氧在此波长处的吸收很弱)。其中波长为 308 nm 的激光由 XeCl 准分子激光器输出,而波长 355 nm 则由 Nd:YAG 固体激光器倍频输出。由这两束激光作光源,配以光学发射、接收和相应的信号接收、处理系统可以研制成不同种类的大气臭氧激光雷达探测系统。中国科学院大气物理所研制的用于探测大气臭氧的激光雷达是一台多用途的激光雷达(图略),它有 4 个激光波长,分别是 308 nm,355 nm,532 nm 和 1060 nm。它可以用于探测大气中的臭氧浓度和气溶胶浓度的空间分布以及云高等。这一激光雷达的接收望远镜的口径是 1 m,臭氧的探测高度范围为 10~40 km,气溶胶探测的高度范围为 4~35 km,云高的探测范围为 4~12 km。中国科学院安徽精密光学机械研究所也研制成功了大气臭氧激光留达探测系统。

大气臭氧的卫星探测

人造卫星的发射及其在大气科学研究中的应用是大气探测历史上的一个里程碑,人们将各种探测仪器放置在卫星上以获得有关大气的各种参数资料。与地基探测相比,卫星探测的最大特点就是可以在全球范围内实现对某种大气参数的连续监测。目前在天空运行的可以用来对地球环境进行监测的人造卫星主要有两类,一类为地球同步卫星,它一般定位在某一个经度的赤道上空,其高度约为35000 km,与地球同步运动,因此也称为静止卫星,它可以实现对大约1/4左右的地球面积进行连续观测。大家熟悉的美国GOES卫星,日本的GMS卫星以及中国的FY-1卫星等均属地球同步卫星。另一类卫星被称为极轨卫星,其轨道为椭圆形。这是一种按一定周期围绕地球旋转的卫星,其轨道倾角一般接近于90°,它的运动速度与地球绕太阳公转的速度相同,因此亦称为太阳同步卫星。这种卫星的高度一般在1000 km左右,它一昼夜绕地球转14圈,1天之内可对整个大气观测两次。

最早利用卫星进行大气臭氧观测的尝试始于1960年。当时,人们不是把观测仪器放置在卫星上进行观测,而是在选择的两个波长处从地面观测卫星反射回来的太阳光(这两个波长选在臭氧在可见光区的夏皮尤吸收带),最后根据这两个波长处信号的强度之差来反推大气中的臭氧含量。这种试验当时是借助于美国的"回声"卫星实现的。在20世纪60年代中期之后,苏美科学家们分别开始了把探测仪器安装在卫星上探测大气臭氧的试验,并于1967年首次在轨道地球物理观测卫星上(OG04)实现了用紫外后向散射仪(BUV)对大气臭氧进行连续观测,从而开始了大气臭氧卫星探测的新纪元。

借助于放置在卫星上的仪器进行大气臭氧探测有两种基本方法,一种是仪器的观测视角直接对准卫星的下方,随着卫星的运动实现对地测量,这种方法称为星下点测量方法。另一种方法是观测仪器的视角指向地球大气以外的空间,然后慢慢偏向地球一方,每一个偏向角度对应的大气路径都相当于穿过一个特定的高度大气层,从而获得不同高度上的臭氧浓度值,这种方法中由于观测仪器对准的是地球的边缘,因此被称为临边探测法。当用这种方法在日出日落期间观测时,就被称为掩星法。图 3.6 是利用卫星进行临边探测的示意图。图中给出了 A、B、C 三条测量路径,可以分别获得不同高度层次中的臭氧含量。

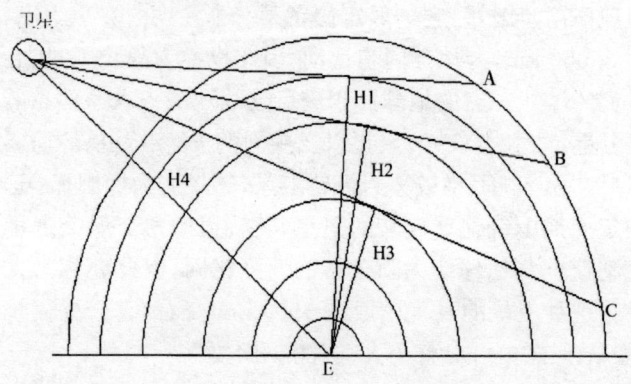

图 3.6 卫星临边探测原理示意图

由于大气臭氧在紫外波区和红外波区都有很强的吸收带,因此放置在卫星上用于观测大气臭氧的仪器都工作在紫外区或红外区。例如前苏联放置在"宇宙"号卫星上用于测量大气臭氧的紫外分光光度计、衍射光栅单色仪等都使用了多个紫外波长,波长 $0.3016~\mu m$ 用来测量大气低层的臭氧含量,用 $0.2995~\mu m$,$0.2977~\mu m$,$0.2906~\mu m$ 和 $0.2830~\mu m$ 等 4 个波长来获得高层大气的臭氧资料,用 $0.2770~\mu m$ 的测量来获取大约 42 km 处的臭氧资料。美国科研人员最初曾设计了后向散射紫外光谱仪(BUV)放置在"两云-4"号卫星上进行大气臭氧探测试验。这种仪器的工作波长均位于 $0.2520 \sim 0.3398~\mu m$ 之间的紫外波区。与此同时,美国学者还设计了工作在红外波段的红外干涉光谱仪(IRIS)在"两云"卫星上进行大气臭氧探测,这种仪器的臭氧探测通道选择在 $9.6~\mu m$ 处的臭氧吸收带内。随着探测技术和资料反演方法的发展,20 世纪 70 年代以来利用卫星探测大气臭氧的工作有了很大进展,放置在卫星上用于测量大气臭氧的仪器设备也有了很大的改进和完善,测量仪器的种类也得到了很大发展,新的测量仪器也不断研制成功并投入使用。例如,平流层大气红外监测器(LIMS),平流层和中间层探测器(SAMS),太阳紫外线后向散射仪(SBUV),平流层气溶胶和气体试验系统(SAGE),太阳中间层探测器(SME),臭氧总量图像仪(TOMS)以及中分辨率成像光谱辐射计(MODIS)等等。这些仪器中的绝大多数除了测量大气臭氧之外,还同时测量其他大气组分。其中有些仪器运行了多年,有些仪器目前还在运行,获得了有关大气臭氧的大量资料。但是受仪器和卫星高度的限制,目前用于臭氧探测的所有仪器的分辨率(包括时间、空间以及信号强度等)仍受到一定限制,在反演方法方面,尤其在有效消除大气中其它组分干扰等方面也还有不少问题。仪器的稳定性以及星上标定等技术上也需要进一步完善。因此,在目前阶段,利用卫星获得的大气臭氧资料仍需借助于地面多布森观测资料作为参照。

应当指出,除上述探测技术外,还发展了地基微波遥感技术、曙暮光测量技术、气辉辐射测量技术等以获得 40 km 以上大气中的臭氧资料。

大气臭氧的近地面测量

臭氧浓度的现场测量

近地面大气中的臭氧及其变化直接关系到人们的生存环境质量,因此倍受人们关注。大量的研究结果表明,近地大气中过量的臭氧含量会对人体健康、农作物、大气质量等产生危害(见本书"近地层大气中臭氧变化对人与环境的影响"一节)。因此对近地面空气中的臭氧浓度进行监测显得十分重要。各国环保部门均把对近地面臭氧浓度的监测和预报纳入到日常业务工作之中。这种监测通常采用定点现场直接测量、现场遥感测量以及系留气艇测量等方法。现分别作一简单介绍。

对近地面空气中臭氧的现场直接测量通常是把仪器放置在需要进行测量的现场按一定的要求对空气中的臭氧浓度进行实时测量。由于在大多数情况下,近地面空气中的臭氧浓度很低,因此要求测量仪器有较高的灵敏度。目前适用于这种观测的仪器有三种类型,即化学荧光类仪器、电化学类仪器和紫外光度法类仪器。

化学荧光类仪器是基于空气中臭氧与某些有机染料(如洛丹明等)相互作用产生荧光的原理,荧光的强弱直接与空气中的臭氧浓度有关。较长时间以来这种仪器曾被很多地方用以测量空气中的臭氧浓度,但由于其灵敏度和测量精度均受一定限制,同时使用起来也不太方便,因此目前已很少作为业务应用。

电化学类仪器同相应的电化学臭氧探空仪的工作原理一样,是根据臭氧与碘化钾溶液进行反应所产生电流的大小来确定空气中臭氧浓度值的高低的。这类仪器由于使用不方便,对空气中某些污染气体的干扰不能有效排除等原因也很少用于近地面臭氧的业务观测。

紫外光度法类仪器是目前用得最广泛的测量近地面空气中臭氧浓度的现场直接测量仪器。这类仪器的工作原理是基于臭氧对某些紫外波段的强烈吸收。这类仪器的核心部分通常是一个管状气室,一个发射固定波长和固定强度的紫外光源置于气室的一端,光电接收器置于气室的另一端。在工作过程中,让含有臭氧的被测空气和消除臭氧的"零气"以一定的频率交替进入气室。根据光电接收器的信号变化来确定被测空气中所含臭氧的浓度。根据这一原理研制的不同种类的紫外线臭氧测量仪已被各国环保部门用来作为臭氧的业务测量使用。这类仪器一般可以连续工作,有的仪器还配有内部标准臭氧发生器以便对仪器进行定时自动标定,其测量精度一般为 ± 1 ppb。

臭氧浓度的现场遥测

近地面空气中的臭氧浓度有两个重要特点,其一是浓度低,尤其是冬季一般都不超过 30 ppb,其二是时空变化很大,这一方面是由于臭氧本身是一种化学活性很强的物质,受空气中其他污染气体浓度变化的影响很大,另一方面是因为复杂的地表特征使得不同地区臭氧的沉降速率有较大差别。近地面空气中臭氧浓度的这种特征不仅为其测量造成一定难度,而更重要的是它使得所有定点现场测量结果的代表性成了问题,这也为测量网点的设置造成了困难。为此,人们提出了实时测量某一地区或某一路径长度上臭氧平均浓度值的想法,这就是激光遥感测量法。这种测量方法类似于"大气臭氧的激光雷达探测"一节中介绍的激光测量方法,不过这种方法中激光束的传播方向不是向空间,而是水平方向,所得到的不是臭氧的空间分布,而是水平距离上的臭氧平均浓度值。

近地面空气中臭氧浓度的现场遥测方法仍然采用差分吸收的原理,即同时选择两个激光波长进行差分吸收测量,其中一个波长为测量波长(此波长处臭氧有很强吸收),另一个激光波长为参考波长(此波长处臭氧吸收很弱或无吸收)。在具体测量中,有三种方案供使用,其一是在路径的一端用光学望远镜将选择好的两束激光以一定的频率交替向水平方向发射,而在路径的另一端放置接收望远镜接收激光信号,根据两束激光波长处信号的强弱变化来推算路径上臭氧的平均浓度。第二种方案是激光的发射和接收端都在路径的同一端,而在路径的另一端放置一块合作目标(反射镜),激光在传输过程中遇到合作目标后被反射而进入接收望远镜系统。第三种方案类似于第二种方案,只是在路径的另一端不放置合作目标,而是靠自然目标(如房屋、山岭等)将到达的激光束反射(漫反射)回置于发射系统同一端的接收望远镜系统。图 3.7 给出了这三种测量方案的光路示意图。通常称第一种方案(a)为双端遥测,第二(b)、第三(c)种方案为单端遥测。显然在第三种方案中要求信号接收系统具有更高的灵敏度。

近地面空气中臭氧浓度的现场遥测方法的最大优点是它可以实现对较大空间范围内臭氧平均浓度的连续、实时监测。其监测

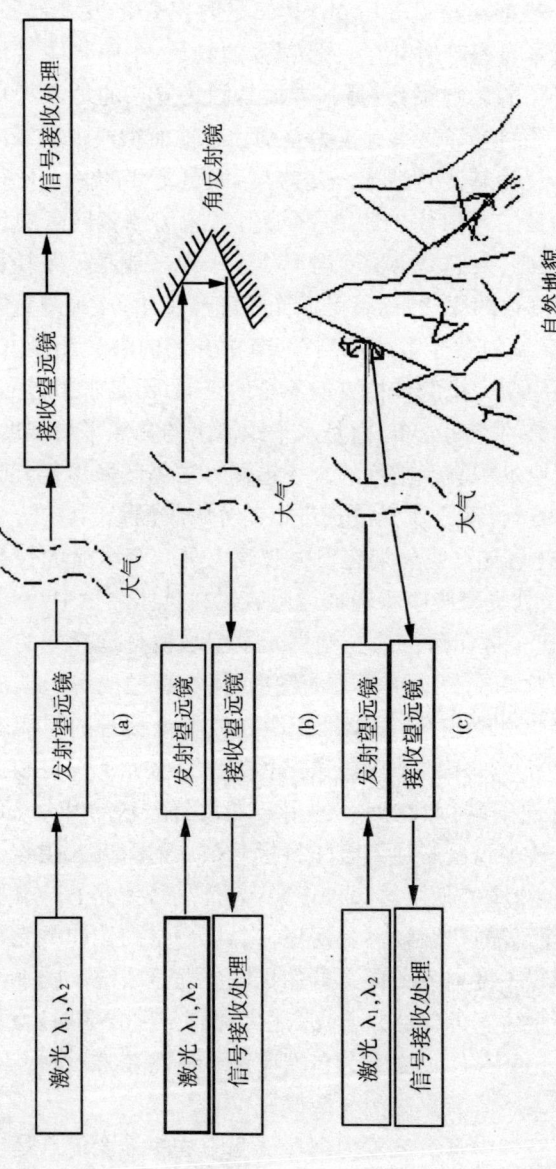

图 3.7 激光遥测臭氧方案示意图

结果的代表性大大优于任何定点现场测量。目前这种方法已被广泛用于工业区、交通枢纽以及某些特殊地区空气中臭氧浓度的监测。其监测范围一般在 1～3 km，有的达到 5 km 左右。

臭氧浓度的系留气艇测量

前节已提到，不同地表特征对近地面空气中臭氧浓度的时空变化影响很大，为认识、评价和预测这种变化，人们往往通过实际观测来确定近地面空气中臭氧的沉降特征，也就是说，地表对空气中臭氧的"吸收"特征。大量研究表明，在一定的气象条件下，尤其是在夜间，近地面空气中的臭氧表现出明显的"沉降"，即由于地表的"吸收"作用，使得空气中的臭氧消失。这种臭氧沉降现象可以通过系留气艇观测来认定。通常的作法是用系留气艇将测量臭氧的仪器带至离地面一定的高度并实时测量近地层臭氧浓度随高度的变化。臭氧浓度的系留气艇测量系统通常由四部分组成，即气艇、臭氧测量仪、信号接收和处理以及绞车。气艇通常由聚乙烯或聚氨脂等材料制成，实际应用中，一般根据气艇负载量和施放高度来选择气艇体积的大小。一般有 3 m^3、5 m^3、10 m^3、15 m^3 等不同规格的气艇供使用选择。根据使用场合和要求，气艇一般充用氢气或氦气，氦气较贵但使用安全。系留气艇用的臭氧测量仪一般选择化学荧光式、电化学式或无源被动式臭氧传感器，最常用的是电化学式臭氧传感器，它的工作原理与电化学臭氧探空仪相同。在实际应用中，除臭氧外，往往同时测量的还有气温、湿度、气压等气象要素，测量这些要素的传感器同臭氧传感器一起组成测量仪，其输出信号经数字处理由发射机统一顺序发回地面至信号接收和处理系统。

绞车用以控制气艇的施放和回收，根据需要，系留气艇臭氧探测系统可以连续施放和回收，或将气艇固定在某一高度进行臭氧测量，一般施放高度为 800～1000 m。气艇施放和回收过程中，臭氧及其他气象要素的传感器进行实时测量。位于地面的信号接收机接收、处理并实时显示测量结果。系留气艇测量系统使用价格低廉,臭氧测量仪可以反复使用,流动性强,使用方便,是获得近地层臭氧浓度随高度变化的理想手段。但系留气艇的施放受到气象条件的限制,它一般适用于在水平风速不大于 3 m/s 的情况下施放。图 3.8 是用系留气艇进行近地层臭氧浓度测量的实况图。

图 3.8　用于测量臭氧浓度的系留气艇系统

第四章
大气臭氧层的耗损及其后果

臭氧层正在遭到破坏

全球臭氧的耗损趋势

早在20世纪70年代初,科学家们就先后提出大气中的NO_x可能对大气臭氧层产生影响,随后科学家们证实了人类排放的卤代烃物质会破坏大气中的臭氧,当时大多数人对这种说法表示怀疑。直至10年之后,人们从对观测资料的分析中发现在全世界范围内大气中的臭氧层确实在变薄。这种全球臭氧耗损的现象反映在1981年和1985年WMO和UNEP以及各国研究机构编制的臭氧层状况科学评估报告中。

在评价全球臭氧耗损时通常的做法有两种,一种做法是根据实际观测资料绘制出全球范围内有代表性的纬度地区臭氧总量的逐年变化图,来观察大气中臭氧总量在某一段时间(如5年,10年或20年等)范围内的变化趋势,进而判断大气臭氧是增加还是耗损。另一种做法是先计算出20世纪80年代之前某一时间段臭氧总量的年平均值或某一季节的平均值(通常认为在80年代之前大气中的臭氧含量没有耗损,其季节和年际变化属自然正常变化),然后再将80年代之后的相应观测值与之进行比较,确定观测值与常年均值的差异,进而判断大气中臭氧的变化。

对GO_3OS网全球臭氧观测资料的分析表明,就全球平均而言,过去15年内臭氧总量耗损了大约5%。这种耗损是全球性的,但是主要发生在中高纬地区上空。对于热带以外的中高纬地区而言,最近15年以来北半球的臭氧耗损约平均为6.5%,而南半球则平均为9.5%。无论南半球还是北半球,80年代以来臭氧耗损明显增强。详细研究表明,与1970~1980年10年相比,1981~1991年间全球臭氧耗损速率增加了1.5%~2.0%。

图4.1是1979~1994年间60°S至60°N之间全球臭氧的变化趋势。图中给出的是臭氧的实际观测值与这一期间月平均值之间差值的百分比。这个图清楚地显示出全球臭氧耗损的程度。

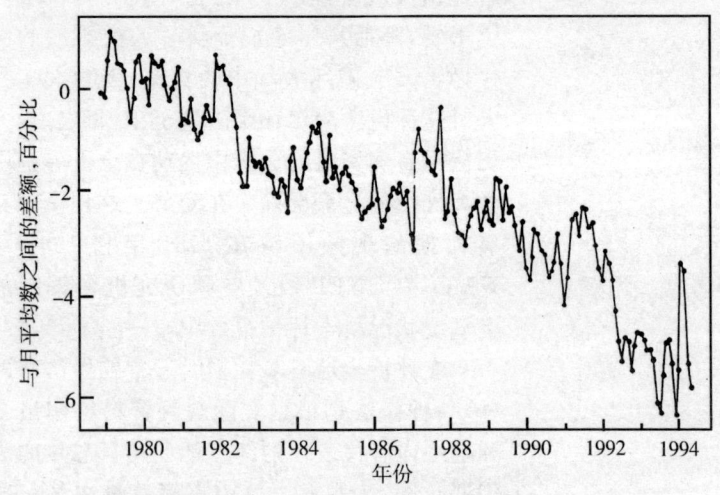

图4.1 全球臭氧耗损(60°S~60°N)

对臭氧观测资料分析还表明,除赤道地区(20°S~20°N)之外,最近25年中,冬春期间的臭氧耗损要比夏季的臭氧耗损强1

倍之多。

图 4.2 给出 1964～1980 年间和 1984～1993 年间全球大气臭氧总量月均值的变化，可以清楚地发现全球臭氧的平均耗损状况，而且冬春季臭氧耗损明显增强。就臭氧总量的平均值而言，1964～1980 年为 306 DU，而 1984～1993 年为 297 DU，平均减少了约 3%。

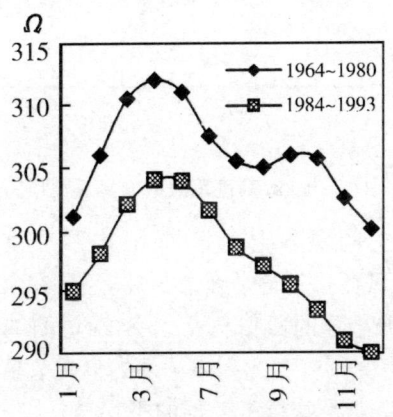

图 4.2　全球月均臭氧总量的变化

不仅如此，对全球臭氧观测资料，尤其是对高空臭氧资料的分析表明，大气臭氧的耗损主要发生在平流层下部，其耗损量平均为每 10 年约 10%。图 4.3 是这种耗损的典型实例，这是对位于德国哈亥别塞堡（Hohenpeissenberg）站 20 多年臭氧高空探测资料分析得到的结果。25 年来，在这个站上空 19～21 km 高度范围内臭氧耗损了约 3 mPa，约相当于耗损 20%。

北半球的臭氧耗损

大气臭氧的耗损会给人体健康和人类生存环境造成危害，北半球是人类生存和活动最集中的地方，因此人们非常关心北半球上空大气臭氧的变化情况。前面已提到，最近 15 年以来，除赤道地

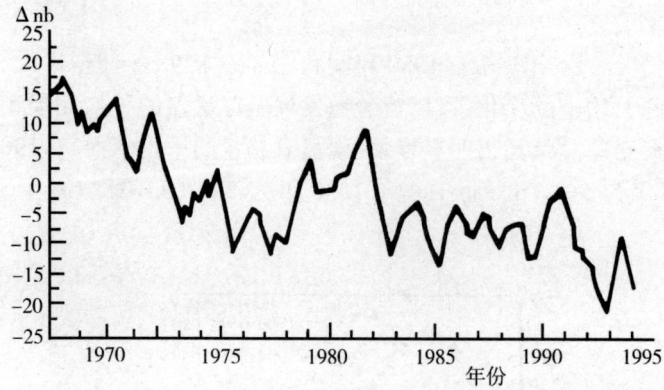

图 4.3 19~21 km 高度范围内的臭氧耗损

区外,南北半球上空的臭氧总量耗损平均约分别为 9.5% 和 6.5%。但是这种臭氧耗损无论是在北半球,还是在南半球并不均匀,最近些年来,在北半球的西伯利亚上空,斯堪的纳维亚半岛上空以及在北美等地上空都曾观测到破记录的低臭氧值。表 4.1 列出了中纬地区以及南北半球臭氧耗损的平均值,这些结果是根据 GO_3OS 1964 年至 1994 年间的观测资料分析得到的。可以看到,平均而言,北半球每 10 年的臭氧耗损为 2.6%,略小于南半球的相应值,耗损主要发生在冬春季。

表 4.1 南北半球每 10 年的臭氧耗损百分数(1964~1994 年)

地区	12~3 月	5~8 月	9~11 月	全年平均
35°~65°N	5.8±1.7	2.6±1.5	2.5±1.0	3.8±1.2
北半球	4.0±1.1	1.9±1.1	1.6±0.9	2.6±1.9
南半球	2.7±1.0	3.4±0.8	6.6±1.5	3.9±0.8
35°~65°S	3.6±1.2	4.9±1.3	7.3±2.0	5.0±1.0

对近 40 年臭氧观测资料的分析表明,在欧洲和北美上空臭氧总量的耗损已接近 10%。图 4.4 给出了我国学者在北京地区获得的臭氧总量的逐年变化结果。它表明,自 1979 年至今,北京地区上

空臭氧总量平均每年减少约 0.65 DU,即平均每 10 年下降 2.0%左右,略低于北半球的相应平均值。

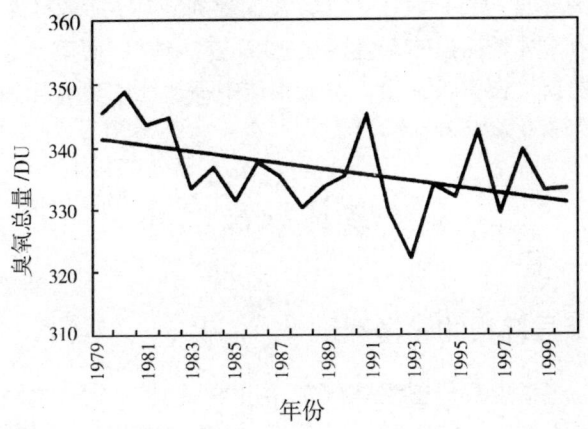

图 4.4 北京地区上空臭氧总量的变化

高纬度地区的臭氧耗损

就全球臭氧分布而言,在南北半球随着纬度的增高臭氧量逐渐增大,即赤道地区是低臭氧值区。在北半球,北极地区是高臭氧值区。而在南半球,由于大气环流的差异,臭氧的高值区不在南极上空,而是在南半球的高纬地区。GO_3OS 的观测资料显示,近 20 年来,两极地区上空的臭氧耗损明显强于其他地区,南极上空出现了臭氧洞,北极上空的臭氧耗损也很严重。在南极臭氧洞期间,臭氧的耗损一般都在 40% 以上,有的年份 10 月初的臭氧耗损达到了 60%,个别日子甚至达到 70%。不仅如此,在臭氧洞期间,在南极上空的某些高度上,经常会出现臭氧几乎完全耗损的情况。在北极上空也观测到了高浓度的 ClO_X 存在,虽然未形成臭氧洞,但臭氧的耗损也经常超过 20%。有的年份春季的臭氧耗损达到 30% 甚至更大。观测资料还显示,在春季,北极上空某些高度上的臭氧耗损近 10 年间曾达到过 70%。北半球中高纬度地区上空的臭氧耗损主要发生在 12~5 月期间,南半球中高纬地区上空的臭氧耗损较北半球严重,主要发生在 7~1 月间。臭氧的耗损是全球性的,不仅是中高纬度,低纬度上空的臭氧也受到破坏,只是程度不同而已。北半球臭氧耗损的高值区在 60°N 左右地区,而南半球最严重的臭氧耗损是在南极上空。南北半球中高纬地区臭氧耗损的年均值分别为 5.0% 和 3.8%。

臭氧层破坏的解释

臭氧层耗损的化学理论

在第一章中我们曾经提到过,在正常情况下,大气臭氧层的形成主要是通过在太阳辐射作用下,氧分子的分解而形成的,大气中一些微量气体组分(如二氧化氮,一氧化二氮等)的分解也会导致臭氧的产生。大气臭氧的最重要的耗损是太阳紫外辐射对臭氧分子的分解和与奇氧的反应,在某些情况下,臭氧与一些自由基的反应也会导致臭氧的耗损等。长期研究结果表明,在太阳辐射和强度保持一定状态的情况下,大气中形成和耗损臭氧的过程处在光化学平衡状态,这种平衡基本上决定了大气臭氧层中的臭氧浓度。也就是说在平流层上层,大气中的臭氧浓度及其变化取决于形成和耗损臭氧的光化学平衡过程及其随太阳辐射强度变化而进行的调整。而在平流层的中、下部(约 10~30 km),大气中臭氧的分布及其变化则主要取决于大气的水平和垂直运动。在通常情况下,大气中的臭氧虽然也有着不同的季节和年际变化,甚至由于太阳活动或大气环流的某些变化会使大气臭氧出现一些异常变化,但这些变化均被认为是臭氧的自然变化,属正常变化范围。现在人们面临的问题是大气臭氧层受到了破坏,大气中的臭氧出现了异常变化,而且观测显示,这种破坏和变化是全球性的,并且主要发生在 15~25 km 高度范围内。

第四章 大气臭氧层的耗损及其后果

大气臭氧层的全球性耗损和异常变化引起了科学家们的高度重视,他们开始提出种种理论来解释这种臭氧耗损和异常变化。这些理论包括化学理论、太阳活动理论、动力学理论等等,其中人们最关心的是大气臭氧层耗损的化学理论。

大气中的微量气体组分和某些自由基,也可通过光化反应生成或破坏臭氧,但是由于在自然状态下,这些微量气体和自由基的浓度很小(通常要比大气中氧气的浓度低 5~6 个量级),因此它们在臭氧的形成和破坏中往往都被忽略不计。

但是应该指出,大气中臭氧与自由基的反应在某些情况下会成为重要的臭氧破坏途径。有人估计,在水汽存在时,部分奇氧原子会参与自由基 OH 与 HO_2 的链式反应,引起的臭氧破坏可占到臭氧破坏的 11% 左右。

自由基在化学上又称游离基,是具有非偶电子的基团或原子,它具有两个最主要的特性,其一是化学反应活性高,其二是具有磁矩。很多自由基都是化学反应的中间产物,自由基反应往往是链式反应,只要极少量引发剂就可以使反应启动。大气中的自由基种类和来源都很多,参与破坏臭氧反应的往往是在 HO_X, NO_X, CLO_X 和 BrO_X 等氧化物中的活泼自由基。这种反应可简单表示为:

$$X + O_3 \rightarrow XO + O_2$$
$$XO + O \rightarrow X + O_2$$

净反应

$$O + O_3 \rightarrow 2O_2$$

式中 X 可为 H,OH,NO,Cl 和 Br 等。

可见,大气中氢、氮以及含卤素基质及载体分子浓度的增加会加速对臭氧的破坏。这些过程的发生不仅使传统的臭氧生成和破坏的光化学平衡概念受到了挑战,更重要的是很多基质在大气中的存在方式和浓度与人类活动有关,它们使得平流层中下部的化学和动力学过程变得更为复杂。

在大气中诸多能贮存活性基质的化合物中,含卤素基质被认为是加速臭氧破坏的最重要物质。在20世纪70年代初,人们首次发现大气中氟氯烃的积累,并随后不久,科学家们就指出:这种物质的继续积累可能会导致对大气臭氧的威胁。尤其令人关注的是氟氯甲烷(CFM)或称氟氯碳(CFC),其中包括人们最熟悉的氟代烃类 F-11（$CFCl_3$）、F-22（F_2Cl_2）、F-21（$CHFCl_2$）和 F-22（CHF_2Cl_2）。这些氟氯烃在对流层很稳定,但进入平流层后会被太阳的高能光子(主要是 UV-C)分解而产生 Cl 自由基并参与消耗臭氧的链式反应,其基本反应过程为:

$$CF_xCl_y \xrightarrow{h\nu} CF_xCl_{y-1} + CL$$
$$Cl + O_3 \rightarrow ClO + O_2$$
$$O_2 \rightarrow 2O$$
$$ClO + O \rightarrow Cl + O_2$$

这些反应的净结果是 $O + O_3 \rightarrow O_2 + O_2$,即使臭氧消耗,而 Cl 并没有消耗。通常 Cl 与 O_3 的反应速度要比 NO 等与 O_3 的反应快很多。作为中间产物,Cl 可以是自由(或游离)原子,自由基或活化分子,它在参加其中的一个反应之后,又在随后的反应中重新产生,即它不断地参与消耗 O_3 的反应,又不断地从反应中重新产生,发生链的传递。如此循环,链式反应可以一直进行下去,直到大气中 O_3 和 CF_xCl_y 分子完全耗尽为止,但实际上,这种链式反应不会一直进行下去,研究表明,当这种光化反应的量子效率降到 105 左右时反应就停止了。有人估计,在循环进行的链式反应中,一个 Cl 原子(或自由基,活化分子等)可以消耗大约 10 万个 O_3 分子。一般情况下,CF_xCl_y 在太阳辐射作用下分解出一个氯离子,但剩下的基团可以通过与氧气等分子的反应使 CFC 中的全部氯以消耗臭氧的形态放出,参与臭氧的消耗过程。与 Cl 类似,溴代烃中释放出来的 Br 也同样能参与消耗臭氧的过程,而且 Br 破坏臭氧的能力要比 Cl 高得多。大气中的溴原子大多是从卤代烷灭火剂(如哈龙 1211 和哈龙 1301)中释放出来的,大气中溴代烷的浓度要比

CFCs 低得多,因此,就其破坏臭氧的贡献而言,溴代烷约为氯代烷的三分之一左右。

可见,由于大气中卤代烃等消耗臭氧层物质的不断积累并参与催化破坏臭氧分子的链式反应,最终导致臭氧的损耗。这就是大气臭氧层耗损化学理论的基本观点。

臭氧层耗损的太阳活动理论

地球大气中的臭氧形成和破坏过程与太阳的紫外辐射直接相关。因此,人们很自然地会联想到,大气臭氧层的耗损现象会与太阳活动有关,也就是说太阳活动及其造成的太阳紫外辐射的变化会使大气中的臭氧含量发生相应的变化。基于这一基本思路,有人提出了臭氧层耗损的太阳活动理论。为此,一些学者统计研究了太阳辐射在 121.6 nm 和 240~260 nm 处的辐射通量变化与大气中 20 km 以上臭氧浓度的变化,并发现它们之间存在着很好的相关性。与此同时,还发现了太阳黑子数滑动平均值与大气中臭氧总量之间的相关关系以及太阳黑子数年变化与大气臭氧总量年变化之间的相关。不仅如此,一些学者还发现大气 2 hPa(约 44 km)高度上的臭氧混合比与 205 nm 处的太阳紫外辐射通量之间有着密切关系。

其实,研究太阳活动与大气臭氧,尤其是与高层大气中臭氧的含量问题已是很早以前的事了。早在 20 世纪中叶,人们在研究日——地关系时就发现太阳活动与低层大气中的天气气候之间有着重要关系,随后人们逐渐发现大气中的某些参数和过程的变化均与太阳活动的 11 年周期或 22 年周期有关。同时,在一些较大的太阳活动事件发生时,均观测到臭氧总量的相应变化。一些研究结果认为,当太阳活动加强时(指发生在太阳大气中的一系列复杂的扰动过程)太阳会发出大量的高能粒子流,这些粒子进入大气之后首先会离解高层大气中的空气分子,大量的离子出现会催化破坏臭氧分子,进入到大气臭氧层的过量太阳紫外辐射也会通过光化过程消耗臭氧,从而导致全球性的臭氧浓度下降。

臭氧耗损的太阳活动理论能够解释高层大气中臭氧的变化特征,但似乎不能解释平流层中下部全球范围内的臭氧持续降低趋势。

臭氧层耗损的其他理论

除了化学理论和太阳活动理论之外,科学家们还提出了其他的一些理论来解释大气臭氧层的异常变化。在这些理论中,值得一提的是"动力理论"和"奇氮理论"。

臭氧耗损的动力理论认为平流层中下部的臭氧耗损是由于大气运动及其变化的结果。这一理论的基础是,平流层中下部大气中的臭氧分布及其变化主要决定于大气环流过程及其变化。这就是说,太阳辐射直接导致了大气中臭氧的形成和消失过程,但大气中的垂直和水平运动却直接影响着低层大气(30 km 以下)中的臭氧变化。光化学平衡理论只适用于 30 km 以上的大气层,而在臭氧耗损最大的大气中(15～25 km),光化学平衡理论不再适用。基于这些最基本的考虑,臭氧耗损动力理论认为,大气中的环流,尤其是纬向环流的增强和减弱直接影响着全球臭氧的分布变化,极区的特殊气象和环流条件会造成极区上空臭氧的特殊变化特征。一般情况下,低纬度平流层富含臭氧的气团在纬向环流的推动下向高纬度低空循环,使得高纬度的臭氧含量升高。在北半球,这种臭氧输送一直运动到北极,但在南半球,由于受到高纬度阻塞高压的控制,这种臭氧输送最远只能到达南纬 60° 左右,这就是南纬 60°左右上空往往出现臭氧高值的原因,同样也可以解释在南极上空容易出现臭氧低值这一现象。一些研究还指出,大气中的臭氧变化有明显的准两年周期,这同大气环流准两年的变化周期相对应。主张动力理论的人认为,冬末春初南极上空臭氧总量下降和温度降低的主要原因是来自中、低纬度的纬向环流强度变弱。

大气臭氧层耗损的另一理论是"奇氮理论"。这一理论主张,是大气平流层中的氮氧化物的存在导致了大气臭氧层的不寻常耗损。前面已经提到,氮氧化物是平流层中最重要的臭氧作用物之一。它既能在太阳紫外辐射作用下分解提供氧原子而导致臭氧生成,又能参与破坏臭氧的催化反应。氮氧化物中直接参与破坏臭氧反应的主要是一氧化氮(NO)和氧化亚氮(N_2O),其基本反应是:

$$NO+O_3 \rightarrow NO_2+O_2$$
$$NO_2+O \rightarrow NO+O_2$$

其净反应结果是:$O_3+O \rightarrow 2O_2$,即导致臭氧的消耗。氧化亚氮是通过在光化作用下生成 NO($N_2O+O \rightarrow NO+NO$)而参与消耗臭氧反应的。

持"奇氮理论"的人认为,随着人类生产和社会活动的增强,人类向大气中排放的氮氧化物不断增加。目前已确认的这种人类排放主要有两个途径,其一是超音速飞机飞行时向大气排放大量的一氧化氮,其二是农业肥料所释放的一氧化氮浓度大幅度增加。后者在对流层是稳定的,但进入到平流层后,会参与消耗臭氧的循环反应。

本节介绍的有关臭氧层耗损的有关理论都是指使大气臭氧层受到异常耗损的理论,人们试图用这些理论来解释 20 世纪 80 年代以来大气中臭氧的耗损趋势和臭氧的异常变化。所提出的这些理论都能够在某种程度上解释大气中臭氧的某些变化特征。但大气中臭氧变化所涉及的过程是复杂的,一些影响臭氧变化的过程也不是孤立的,因此需要从化学、辐射、动力等方面来综合研究。由于大气中臭氧耗损在近十多年来变得较为显著,因此需要加强对人类活动对全球臭氧耗损影响以及全球臭氧耗损对全球气候变化影响的研究。

臭氧层破坏的后果

对人体健康的危害

大气臭氧层的耗损会使到达地球表面的太阳紫外辐射相应增加,对于某一地区而言,这种增加会表现在两个方面,其一是地面能接收到的紫外辐射的最短波长会向短波方向移动,即有更短波长的紫外辐射会到达地面。这就是说,如果在正常情况下,由于大气臭氧层的吸收,某地区到达地球表面的最短波长为 290 nm,那么,在臭氧层受到耗损的情况下,这个地区可能会接收到波长比 290 纳米更短的太阳紫外辐射。另一方面,是当大气中臭氧浓度减小时,原来到达地球表面的太阳紫外辐射量会有不同程度的增加。总之,到达地面的太阳紫外辐射量的增加主要表现在紫外 B 区 (UV-B,280~320 nm) 和紫外 A 区 (UV-A,320~400 nm)。这就是说,臭氧层耗损主要是使得哈特莱吸收带和霍根斯吸收带吸收的紫外辐射量减少而最终导致到达地面的紫外辐射增加。应当指出,在正常情况下,适量的紫外辐射,尤其是 UV-B 辐射对人体是有益的,是人维持生命所必需的,它能够增加人的交感肾上腺机能,提高免疫能力,促进磷钙代谢,增强人体对污染物的抵御能力,这就是为什么人体,尤其是婴幼儿,在成长过程中需要接收紫外照射的原因。因此,本节及以下各节讨论的是由臭氧层耗损造成的过量紫外辐射可能导致的种种危害问题。

从对人体健康影响的角度来讲,毒理学研究显示,太阳紫外辐射中,对人体最有害的是紫外 C (UV-C,180~280 nm),它主要是破坏人体细胞中的 DNA(即脱氧核糖核酸,一种遗传物质)。值得庆幸的是由于大气臭氧层哈特莱吸收带的强烈吸收,使得 UV-C 辐射不能穿透大气到达地面。因而 UV-B 是能够到达地球表面的对生理危害最大的紫外辐射,它对人体 DNA 的破坏虽然比 UV-C

小得多,但仍可对人体造成严重危害,而且随着 UV-B 辐射量的增加,这种危害越大。相对而言,UV-A 辐射的增加对人体的危害要比 UV-B 小得多,这就是人们在讨论臭氧层破坏时,尤其关心 UV-B 辐射变化的真正原因。

过量紫外辐射对人体健康的影响主要表现在以下几个方面。应当指出过量紫外辐射对人体健康的影响是一个很复杂的问题,由于缺乏资料,做出定量估计是很困难的。有些估计是基于对动物的某些实验结果,对人体而言,尚有很多是未知的。

(1) 免疫系统的降低

人体的免疫系统是防御外来抗原性物质的主要卫士,它有一个良好的组织网、非特定防御性细胞(巨噬细胞和杀手细胞)和运动着的防御性细胞(起着巡逻兵的作用)等组成。通过复杂而微妙的平衡机制,免疫系统像看护神一样维持着人体的健康,保护着主体免受各种疾病的侵犯。人体的免疫反应主要有两大类,它们是体液免疫和细胞免疫。前者包括产生抗体,这些抗体可以使侵入人体的毒素失效,有杀死微生物、防止感染之功效,后者是通过细胞产生化学媒体,从而激活其他淋巴系统的细胞去杀死病原体、病毒感染细胞和癌细胞等。在正常情况下,这两种反应巧妙地平衡着。任何原因的失衡都会使人体的免疫功能受到干扰。研究表明,过量 UV-B 辐射可以局部地(暴晒处)和系统地改变人体的免疫系统,而且这种改变主要是通过减少细胞的免疫反应造成的。人的皮肤是一个重要的免疫器官,是有着高度免疫的活性组织,但它对环境条件(包括 UV-B 辐射)的改变是脆弱的,使皮肤不适当地暴露于 UV-B 辐射之中会使人体的免疫力受到扰乱,从而引发疾病。通常,夏天在人们脸上由疱状单形病毒所引起的不断增多的面部损伤,就反应了过量太阳紫外辐射对皮肤免疫活性的影响。到目前为止,对由于 UV-B 辐射引起的人体免疫系统紊乱而发生的各种疾病还缺乏系统证据,然而在人体局部和老鼠身上所进行的相关实验显示,UV-B 辐射可以抑制皮肤的接触性过敏,减少免疫活跃的细胞(如胰岛细胞等)的数量和功能,刺激对免疫有抑制作用的某些抑制细胞的产生,改变在血液中循环的有免疫性的白细胞外形等等。这些与人体免疫有关的细胞的数目和功能的变化依赖于 UV-B 辐射的暴晒量。不仅如此,UV-B 辐射还会引起更广泛的免疫抑制,这对人们的身体健康有着潜在的意义。过量紫外线照射会引起感染性疾病的蔓延,例如一些肺结核、麻风病和黑热病(一种在热带和亚热带国家很常见的皮肤病)等流行。统计资料显示,由于细菌、真菌、病毒和原生动物引起的感染性疾病都因过量紫外线照射使免疫系统受到抑制而呈增加趋势。联合国环境规划署甚至已发出警告,指出过量紫外辐射使免疫力受到抑制会增加艾滋病的发病率。人体的免疫系统也是身体抵御癌症的一部分。在老鼠身上的实验表明,UV-B 辐射照射对其免疫系统的抑制,使其对抵御癌症的能力大大降低。这就是说,除了直接引起皮肤癌(见下文)以外,由于 UV-B 辐射造成的人体免疫系统的抑制可能会对人体造成多方面的影响,甚至会发生一般情况下被防御卫士挡在体外的其它类型癌症。

(2) 对眼睛的损伤

很多人都知道,过量紫外辐射会对人的眼睛造成危害,最典型的例子就是雪盲和焊工眼,这两种眼疾都是光照性角膜结膜炎,即眼球表面的一种炎症(发红)。在一般情况下,太阳紫外辐射会被眼睛的角膜(在眼睛瞳孔外面的一层透明膜)和晶状体过滤掉绝大部分,只有很少量的紫外辐射能到达眼睛的视网膜上(位于眼室后部,眼球内表面上的光感神经末梢膜),过量的紫外辐射会使眼睛的角膜和晶状体受到损伤,使更多的紫外辐射达到视网膜上,进而导致视网膜退化,使视力受到损害。研究表明,长期对紫外辐射的过滤会使本来透明的角膜和晶状体变色而失去透明性。

流行病学资料显示,过量紫外辐射是导致白内障眼疾(即眼中晶状体混浊)的重要原因。尽管引起白内障的原因很多,但是日光暴射与眼疾的病例分析和白内障眼疾的地理分布等资料均显示出过量紫外辐射使白内障的发病率明显增高。对兔子和老鼠的实验表明,每日用 UV-B 辐射照射,1 个月时间就会使晶状体的前部受到破坏,而造成晶状体的混浊。在医学上,白内障主要分为两大类型,其一为核型白内障,即发生在晶状体的正中间(瞳孔后面),其二是发生在晶状体周围的皮质白内障。前者会导致眼睛失明,后者则不会致盲。有调查表明,核型白内障的发生率随着地理纬度的下降而上升。白内障眼疾主要发生在老年人中,全世界 2500～3500 万例老年失明病例中约有一半以上是由白内障引起的,这些病例主要发生在阳光充足的地区和热带地区。美国环境保护署估计,UV-B 辐射增加 1%,会使白内障的发病率增加 4%～6%。联合国环境规划署预计,平流层臭氧耗损 10% 会引起全世界每年白内障患者增加 175 万。也有人估计,大气中臭氧每减少 1%,就会使白内障患者增加 0.5% 等等。当然,这些定量的估计具有很大的不确定性,需要有进一步的实验资料和流行病资料的支持,但是过量紫外辐射会导致相应的眼疾发病率增加是毫无疑问的。

(3)对皮肤的损伤

人们从自己的生活实践中似乎已经感受到,过量紫外辐射会造成对皮肤的损伤。实际上,过量紫外线的照射会对人的皮肤产生短期和长期的危害效果。典型的短期伤害就是人们熟知的晒斑,这是皮肤短期暴露于强太阳辐射后出现的皮肤伤害现象,皮肤遭受强紫外线的长期照射会变厚、产生皱纹、失去弹性并有可能得皮肤癌。动物实验资料和流行病统计研究资料显示,过量 UV 辐射与人体皮肤癌的发病率有密切关系,其中与鳞状细胞癌(SCC)和黑瘤(CM)的发病率已有比较明晰的关系。

鳞状细胞癌属非黑瘤皮肤癌(NMSC),绝大部分病例显示,鳞状细胞癌通常出现在长期被阳光照射的人体部位,如脸部、脖子和手部等,同时,鳞状细胞癌的高发病率出现在太阳辐射较强的地区,这些都是对鳞状细胞癌发病率与太阳紫外辐射有关的证据。一些研究结果显示,与过量紫外辐射降低人体免疫系统不一样,紫外辐射引起的皮肤癌对不同肤色有着很大差别，鳞状细胞癌主要发生在肤色白皙的人群中。

除了非黑瘤皮肤癌（NMSC）之外，人们发现与太阳照射有关的还有皮肤黑瘤（CM），黑瘤是黑素细胞（即哺乳动物表皮中的色素生产细胞）转变成瘤的结果。医学界认为，人类的黑瘤有四大类，即表面扩展黑瘤（SSM），结状黑瘤（NM），恶性小痣黑瘤（LMM，也称郝泰生氏黑变性雀斑）和其他黑瘤。人们对过量太阳辐射引起黑瘤的认识首先是从对不同人群日常生活的观察开始的。人们发现，白皮肤人群对日灼更敏感，在这些人的皮肤上出现雀斑、黑痣等反应的机率要比有色人群高。同时还发现室内工作者比室外工作者患皮肤黑瘤的危险性要高。这一现象表明，皮肤黑瘤的发生更多的依赖于间歇性的辐射照射。

长期以来，人们试图寻求可能导致人体产生皮肤癌的紫外辐射剂量，从而进一步估计臭氧层耗损对皮肤的危害。致癌辐射剂量的增加通常用辐射放大因子（RAF）来表示，一些研究结果表明，RAF变化于$1.2\%\sim1.4\%$之间，这就是说，大气中的臭氧每减少1%可使引起皮肤癌的紫外辐射增加$1.2\%\sim1.4\%$。由于紫外辐射剂量与皮肤癌发病率的关系受肤色的影响，因此需要对不同地区和不同太阳照射下的不同肤色人群进行跟踪研究，其结果显示，致癌辐射剂量每增加1%，对于白肤色人群来讲可使鳞状细胞癌的发病率增加2.5%左右，这就意味着，大气中的臭氧每减少1%，可使鳞状细胞癌的发病率增加3%左右。医学工作者提醒人们有两方面的问题需要注意，其一是人体患黑瘤皮肤癌，尤其是鳞状细胞癌的危险性依赖于整个生命过程中人体接收到的太阳紫外辐射的总剂量，其二是与紫外线照射相联系的皮肤癌发病率有时间上的滞后性。这就是说，即使是到达地面的太阳紫外辐射量恢复到正常水平（即臭氧耗损得到有效抑制），皮肤癌的发病率也将在一定的时间内保持增长态势。

(4)其他疾病

前面已提到过,由于过量紫外辐射可以导致人体局部的或系统的免疫能力的改变,因此,人们推断,其结果也会对某些传染病和其他疾病的发生率产生影响。从理论上讲,过量的 UV-B 辐射可通过改变主体对微生物病原体的抵御机制或通过直接激活被照皮肤中已感染组织来影响传染病的发病机制。为此,科学家们进行了大量的动物实验并建立了相应的实验模型。这些实验包括:病毒疾病、UV 激活病毒、寄生虫传染、细菌传染、真菌传染以及其他疾病等。

病毒疾病 UV 辐射可以激活人体中单纯疱疹病毒(HSV)感染的能力,从而可激发人体中有活力的疾病,使人体对感染疾病的抵御力下降,其中包括降低对呼吸道和肠道病毒的细胞免疫力,最终导致疾病的发生或加快某些已感染疾病的过程。

UV 激活疾病 UV 辐射能激活那些直接受到照射的细胞中的病毒,这一作用会直接影响到皮肤细胞中的病毒,例如乳状瘤病毒、单纯疱疹病毒等。一些研究结果还指出,当病毒在皮肤中存在时,会使一些早期病人,包括艾滋病病人的病情加重。

寄生虫传染 老鼠实验和鼠模型显示,UV-B 辐射对免疫能力的抑制已对利什曼病(一种热带寄生虫病)、疟疾和旋毛虫病等的发病率产生了影响。利什曼是在热带地区经常看到的寄生虫病,这种寄生虫通常是被已感染的沙蝇传入人的真皮内而引发溃疡,损伤皮肤,严重的会发展成致命的系统性疾病。UV 辐射会增加这些病的发病率或使已感染者的死亡率增加。

细菌传染 UV-B 辐射使鼠体中分支杆菌感染的免疫力降低,使延迟过敏响应减小,使从淋巴组织中排除细菌的过程减缓,从而加大分支杆菌引起的死亡率。

真菌传染 UV 辐射引发真菌感染的典型实验是向经过暴晒的鼠体中注射白色念珠菌,其结果是加速了鼠体的感染和死亡率。念珠菌是一种机会致病性真菌,通常存在于皮肤中可引发系统性疾病。

在结束本节讨论之时,应当再次指出,大气臭氧层耗损导致的到达地球表面紫外辐射量的增加会直接危害人的身体健康,这是毫无疑问的,但由于流行病资料以及动物实验资料的缺乏,目前对这种危害的估计还很难定量化,某些研究给出的一些定量化的估计也具有很大的不确定性。另一方面,目前对这种危害的绝大部分估计都是建立在动物实验基础上进行的,而这些动物实验中的发现、结论是否适用于人类,尚需进一步研究。由此可见,研究过量紫外辐射对人体健康的危害机制、过程,定量评价这种危害的程度以及它在人类疾病病理学上的意义,乃至对这种危害作出预测等将是科学家们今后面临的重要科学问题。

恶化大气环境

这里主要谈的是近地层的大气环境。人类在大气层的底部生存、繁衍,因此,近地层的大气环境,尤其是空气质量对人类的生产和生活活动,乃至生存本身都有着重要影响。大气臭氧层破坏的直接后果是导致到达地球表面的太阳紫外辐射量的增加。因此,本节将主要介绍由于太阳紫外辐射增加所造成的近地层大气空气质量变化问题。一般来讲,太阳紫外辐射量的增加会引起大气环境的恶化,这种恶化通常是通过影响对流层化学过程,改变对流层组成以及直接诱发一些空气污染事件造成的。

(1)影响对流层的化学过程

太阳紫外辐射增加对大气低层化学过程的影响主要是使化学反应中关键微量气体的光解速率提高,从而加速低层大气中臭氧等氧化剂的生成和破坏进程,从而进一步影响其他化学过程的进程。

在对流层中,目前人们最关心的主要化学过程包括一氧化碳的氧化、二氧化硫的氧化和近地面臭氧的形成化学等。

一氧化碳的氧化　大气中碳的氧化物主要包括一氧化碳和二氧化碳,从大气化学和对人体健康的危害程度来讲,人们关注的重点是一氧化碳。大气中的一氧化碳是一种低化学反应性无臭、无色的气态毒性污染物。由于在日常生活中经常有一氧化碳中毒事件(如煤气中毒)发生,人们对它并不陌生。大气中一氧化碳的本底浓度很低,一般估计在0.05至0.5 ppm之间,但城市空气中的一氧化碳浓度较高,一般会达到几个或几十个ppm,个别情况下会达到100 ppm以上,在美国和日本都发生过因空气中一氧化碳浓度过高而使交通警察和机动车驾驶员中毒的事件。目前人们已经知道,一氧化碳在对流层中通过化学反应被氧化成二氧化碳,这一反应通常被认为是大气中一氧化碳的汇。但这种氧化一般情况下进行得比较缓慢,但当太阳紫外辐射增强,大气中各类自由基浓度增加的情况下,一氧化碳会和自由基(如OH)发生反应,加快一氧化碳的氧化过程。

二氧化硫的氧化 大气中的硫化物种类很多,例如,硫化氢,二氧化硫,三氧化硫,硫酸盐以及一些其他的有机硫化合物,其中最主要的是硫化氢、二氧化硫和硫酸盐。从大气化学和大气中硫循环的角度来讲,大气中二氧化硫的氧化是最主要的化学过程。二氧化硫是由煤炭、石油等矿物燃料燃烧排放到大气中的主要污染物。其中一部分在大气中被氧化成硫酸或硫酸盐气溶胶,由于其比重大,容易发生沉降而接近地面,特别是汇聚于谷地或盆地,形成酸雾而造成污染,或者被降水吸收而形成酸雨。硫酸给大气环境造成的危害远远超过二氧化硫,所以,人们对二氧化硫氧化的机制尤为重视,并进行了许多研究。从很多结果来看,在非污染空气中,二氧化硫的含量极微,它分别同氢氧自由基(HO)、氢过氧自由基(HO_2)和云雾水滴反应。在污染空气中二氧化硫的含量较高,它与氢过氧自由基的反应是主要的。大气中二氧化硫的氧化受很多因子的影响,大气的温度、湿度、日照以及很多起催化作用的因子等,都会影响二氧化硫的氧化速率。科学家的研究结果表明,大气中二氧化硫的氧化主要通过3种途径,即气相反应、液相反应和在颗粒物表面的反应。

气相化学反应是大气中二氧化硫氧化的重要途径。这类反应中最主要的是二氧化硫与大气中的自由基 HO、HO_2、CH_3、O_2 等的反应,其结果是在大气中生成硫酸以及其他多种中间产物,这些化合物对人体健康都是很有害的。在城市里,被污染的空气中含有较高浓度的二氧化硫,在阳光充足的夏日,二氧化硫的这种氧化过程进行得异常迅速,这一点对长期生活在城市里的居民是很不利的。

大气中二氧化硫的液相氧化反应可通过不同途径来进行,其一是二氧化硫在水滴中被溶解的氧气所直接氧化,另一种途径是二氧化硫在水滴中通过金属元素的催化而被氧化。这后一种情况,对于城市大气尤为严重。因为在被严重污染的城市大气中往往含有多种金属(如铁、锰等),且其浓度相对较高,在雾天尤其是这样,这就为二氧化硫的催化氧化提供了条件。因此,人们应当特别关注城市的雾天,因为这时空气中的二氧化硫会很容易被溶解成为亚硫酸,并被迅速氧化成硫酸。

二氧化硫在颗粒物表面的氧化过程,主要是指当空气中有足够浓度的二氧化硫和颗粒物时,二氧化硫往往被颗粒物所吸附,而后被氧化成硫酸盐,其氧化速率取决于颗粒物本身表面的性质及组成。科学研究结果表明,颗粒物的酸碱性对二氧化硫的氧化具有重要作用。应当指出,大气中颗粒物的物理化学特性相差很远,尤其是在被污染的城市大气中,颗粒物的组分,其中包括元素碳、金属离子等这些对二氧化硫氧化有重要影响的组分,有很大的变化,因此,对大气中二氧化硫在颗粒物表面的氧化过程还需要做进一步的研究。

对流层中的光化学过程是对流层化学研究的重要内容,它是指太阳的紫外辐射与大气中的某些污染气体(大部是活泼烃类)相互作用引起的复杂过程。进一步研究表明,大气中的氮氧化物、碳氢化合物等,在太阳紫外辐射的作用下会发生光解反应和一系列氧化反应,生成臭氧和其他氧化物(如过氧乙酰硝酸脂 PAN 和醛类等),因此,这一过程也被称为低层大气的臭氧形成化学。由于在这一化学过程中随着光化学氧化剂的生成往往伴随着颗粒物浓度的增加进而导致大气能见度降低,因此,由此所造成的空气污染被称为光化学烟雾污染。人们最早认识这种光化学过程是在20世纪40年代,当时,在美国洛杉矶由于机动车和电厂的排放所造成的严重空气污染诱发了历史上首例严重的光化学烟雾事件(后来称为洛杉矶烟雾事件),造成了几千人伤亡(见"近地层大气中臭氧变化对人与环境的影响"一节)。

这种氧化性的光化学过程一般是在较低的空气湿度和较高的空气温度情况下,在太阳光的作用下发生的。研究表明,引起低层大气中光化学过程增强的,主要是太阳光中波长小于 370 nm 的紫外辐射。由于地球上纬度高于 $60°$ 的地区太阳紫外辐射较弱,因此不易发生光化学反应。而在北纬 $30°\sim50°$ 区域范围内,由于人类活动造成的工业排放较严重,同时又有足够的太阳紫外辐射,因此是光化学过程最容易发生的地区。尤其是在夏季天气比较晴朗的日子里,当有利于大气中污染物积累的条件持续出现时,最有利于大气中各种光化学反应的进行。我国兰州地区,由于工业排放造成了大气中碳氢化合物和氮氧化物浓度的积累,加之太阳紫外辐射较强,曾多次发生光化学烟雾事件。

在上述对流层主要气体氧化过程中,UV-B 辐射是关键制约因子。通常认为,大多数发生在对流层的化学反应,其速率直接取决于 UV-B 的强度,而这个强度又是大气中臭氧总量的函数。表4.2 列出了不同大气臭氧总量情况下,对流层中某些主要化学反应的辐射放大因子(RAF),它表示对于给定的化学反应来讲,与臭氧减少对应的紫外辐射的增加量(%)。由于不同反应对紫外辐射不同波长的响应不同,因此不同反应的权重也不一样。这里假定 UV-B 辐射的 RAF 在臭氧总量为 290 DU 和 305 DU 情况下分别为 1.25% 和 0.99%。进一步的计算结果表明,就全球平均而言,对流层臭氧的光解率系数自 20 世纪 80 年代以来每年以 $0.36\pm$

0.04%的速率增加,其中南半球(0.40±0.05%)略高于北半球(0.32±0.05%)。

表 4.2　对流层主要光解过程的辐射放大因子

光解过程	辐射放大因子(RAF)	
	臭氧含量:290 DU	臭氧含量:305 DU
$O_3+h\nu \rightarrow O(1D)+O_2$	2.1	1.8
$O_3+h\nu \rightarrow O(3P)+O_2$	0.1	0.1
$H_2O_2+h\nu \rightarrow OH+OH$	0.4	0.4
$HNO_3+h\nu \rightarrow OH+NO_2$	1.1	1.0
$NO_2+h\nu \rightarrow O(3P)+NO$	0.0	0.0
$HCHO+h\nu \rightarrow H+CHO$	0.5	0.5
$HCHO+h\nu \rightarrow H_2+CO$	0.2	0.2

(2)改变对流层的化学组分

UV-B 增强可以打破参与化学过程的主要微量气体分子(如臭氧,二氧化氮,甲醛,过氧化氢,硝酸等)中的化学链,生成化学活性的原子、自由基或分子基团(如 O, H, OH, HO_2 等),并导致其他化学过程的进程,从而改变对流层中的化学组分。

由于紫外辐射的增强,在对流层中首先发生变化的化学组分应是那些包括臭氧和其他氧化剂在内的光化学活性气体,这些气体直接参与紫外辐射作用下的光化学反应,其结果不仅导致大气中已有的某些组分(如 O_3, H_2O, NO_X, CO,碳氢化合物等)浓度的变化,而且还会生成一些新的化合物或分子基团(如 O, H, OH, HO_X 和 H_2O_2 以及一些其他氧氢、碳氢、氮氢化合物等)。不仅如此,一些测量结果显示,人类活动不断向大气中排放的种类繁多的挥发性有机物质,在 UV 辐射水平升高的情况下,会使对流层中的光化学过程变得更为复杂和难以预测。

大气中氧化剂浓度的增加会直接影响低层大气的空气质量,尤其在空气污染相对比较严重的城市地区,一些氧化物和自由基等有更多的机会和条件参与多种化学反应而生成多种二次污染物而恶化空气质量。

(3)严重的空气污染事件

在太阳紫外辐射增强的情况下,近地层化学组分发生变化会导致一些重大空气污染事件发生。在一般情况下,近地面大气中化学组分的变化,尤其是一些烃类、醇类等有机化合物浓度的增加会使空气受到污染,影响空气质量。而在某些极端情况下,这种空气污染会变得非常严重,并形成直接危及人们生命的严重空气污染事件,本书第二章提到的光化学烟雾就是这种严重污染事件的典型实例。

前面已经提到,人类排放到大气中的氮氧化物,不仅直接造成空气污染,而且在太阳紫外辐射作用下会发生复杂的光化学反应,其结果形成严重影响空气质量的光化学烟雾。光化学烟雾是多种二次污染(如臭氧,PAN,各种醛类:甲醛、乙醛、丙烯醛等)以及硝酸雾、硫酸雾和悬浮颗粒物的混合物。太阳紫外辐射是大气中形成光化学烟雾的必要条件,紫外辐射的增强必然会对光化学烟雾的发生创造更有利的条件,进而使空气质量恶化,危害大气环境的安全。

危害水生生物

水生态系统与陆地生态系统构成地球上的两大生态系统,二者的相互作用均衡使全球生态系统保持在正常的水平上,水生生态系统每年从大气中吸收和固定的碳总量约为 100 Gt(1 Gt= 10^9 t),这就是说,全球水生生态系统大约每年将 1000 亿吨左右的碳转换成有机物质,并以鱼类、甲壳类和海藻等形式为人类提供大量的食物。人类消耗的所有蛋白质中,大约有四分之一是水生生物提供的。增强的太阳紫外辐射会对水生生物群落起到破坏作用,其主要表现为对初级生物量的影响。

(1)对浮游生物的影响

浮游生物(包括微生植物和藻类等)是水体中的主要生产者，是水体生物量的初级生产者，是水体中复杂的食物链的基础。由于要进行光合作用，所以水体中的浮游生物主要生活在水体的表层，所以极容易受到太阳紫外辐射的伤害。

浮游生物在全世界各大洋中的分布是不均匀的，其浓度决定于养分、净光合速率、海面状况以及太阳 UV-B 辐射等要素，其高浓度值区通常在较高的纬度地区，在温带海洋中，浮游生物的浓度在春秋季较高，夏季减少。浮游生物在全球海洋的这种分布格局，在某种程度上显示了太阳紫外辐射对其繁殖率的不利影响。在讨论紫外辐射对海洋浮游生物影响时，那些尺度极小的细菌类浮游有机体(如蓝菌、硅藻等)尤为令人关注。这些微小的有机体在海洋有机物分解和循环中起着重要作用，但这些浮游有机体由于其生存时间短或由于其活动性差，对太阳紫外辐射的抵御能力更脆弱，更容易受到伤害，而它们在水体总生物量方面的贡献却占到 40% 左右。

估计紫外辐射对海洋浮游生物的定量影响是一件很困难的事，高纬地区上空大气臭氧含量的明显减少为这种估计提供了机会。一些研究人员在南极臭氧空洞期间，对洞内外到达水域的太阳紫外辐射量变化和浮游生物量变化进行了比对研究，他们的报告显示，南极臭氧洞期间，在南大洋的冰区范围内，与臭氧减少相关的浮游生物的初级生产力减少达 6%～12%。不仅如此，研究还发现了在臭氧洞期间，增强的太阳紫外辐射对光合作用的抑制作用(约 5% 左右)，这与某些屏蔽掉紫外辐射会使光合作用增加的实验结果是一致的。这些研究结果表明，由于大气中臭氧量减少而导致的太阳紫外辐射增加不仅会直接引起海洋浮游生物数量的减少，而且紫外辐射对浮游生物活性的抑制也会使光合作用减弱，最后导致海洋对大气中二氧化碳吸收量的减少。联合国环境署估计，每损失 10% 的海洋浮游生物就会使海洋每年减少吸收二氧化碳 50 亿吨左右，这大约相当于人类燃油每年向大气中排放的二氧化碳量。如果这一估计可靠的话,全球碳平衡状态会因此需要重新评价,结果会导致温室效应的增强和全球气候变化的加剧。可见,科学家们需要在海洋浮游生物对紫外辐射增强的响应及其生态学后果等方面做进一步的研究。

(2)对海洋食物链的影响

浮游生物是水体中其他所有生物赖以生存的基础。是海洋中复杂食物链的基础,因此,浮游生物的损害,浮游生物量的减少必然会使海洋食物链更高营养级上的所有生物量减少,会使包括鱼类、贝壳类和软体类动物在内的大量次级消费者的生存受到影响,最终导致水产品的总量的减少。据粗略估算,大气中的臭氧若耗损16%,会使海洋中的浮游生物损失5%,进而使水产业和水产养殖业的水产品总量减少约7%,这相当于每年鱼的产量损失700万吨。不仅如此,考虑到海洋中较高层次的较大消费者个体总是以较低层次的较小个体为食,因此,UV辐射对浮游生物的影响也会改变海洋的食物链过程和食物链中较高层次的链接,导致食物链的变异。

(3)对海洋生物的直接影响

紫外辐射量的增加除了通过海洋食物链变化间接影响食物链中不同层次的消费者之外,还对海洋中的鱼类、虾类、蟹类、两栖类以及其他动物的早期发育阶段产生直接的影响,其中最严重的影响是降低它们的繁殖能力和伤害它们幼体的发育。一些研究报告指出,即便是在目前紫外辐射的水平上,UV-B已经构成海洋中某些生物数量发展的限制因子,尤其是在一些中高纬地区的晚春季节。UV-B辐射的增强正好与某些物种的生长发育相吻合,紫外辐射的增加和短期波动都会使一些敏感物种的幼体发育受到威胁。

实验表明,海洋中,各类无脊椎动物对UV-B辐射的敏感性有很大的差别,UV-B辐射会杀死培植中的大部分普通桡脚类甲壳动物的个体并降低残存者的繁殖能力。在现有的UV-B水平上,已发现有一种甲壳类的死亡达到了50%左右。有人估计,如果大气中的臭氧耗损达到16%,那么会有一半左右的海洋物种在5天之内遭受到比正常情况高出50%的积累辐射剂量。

增强的太阳紫外辐射也会对鱼类等某些脊椎动物的幼体的生长和存活能力产生直接影响。根据6月份北美洲太平洋沿岸大陆架地区的资料,大气中臭氧减少16%,会使在海水0.5 m处,年龄为2、4和12天的鳗鱼类幼体的死亡率分别达到100%、82%和50%,这不仅是由于鳗鱼幼体的出现正处在紫外辐射的峰值期,而且由于在这一地区所有鳗鱼幼体均出现在水域上层0.5 m范围内。一些两栖类动物也会受到太阳紫外辐射的影响。一些两栖类动物直接在水域的表层产卵,卵完全暴露在太阳紫外线照射之下而使其数量减少,一般两栖类动物的蛋或卵细胞在紫外线的作用下都会有不同程度的损伤。

(4)对水生环境的影响

太阳紫外辐射对水生生物的影响涉及到很多的生物生理过程。水生环境的变化无疑对这些过程有着重要影响和反馈作用。海洋和大气都是开放系统,发生在大气中的一些重要物理、化学过程会直接影响到进入海洋表面的太阳紫外辐射和可见光辐射,可以影响海气之间的物质和能量交换等,进而使海洋的温度、盐分以及二氧化碳浓度等水生环境发生变化。前面已提到紫外辐射的增加除了直接对海洋生物产生影响之外,还会影响到达水面的光合有效辐射(PAR),改变水域表层的UV-B/PAR之间的比例关系,从而影响海洋的初级生产力。

大型藻类和浮游生物都会释放出有机的气态硫化物,如硫酸二甲酯(DMS),其释放速率取决于这些生物受太阳辐射控制的代谢活动。这些DMS进入大气之后,很容易形成硫化气溶胶而成为大气中云的疑结核,进而增加大气中的云量,其结果又会减弱到达海洋表面的太阳辐射。另一方面,大气中臭氧减少导致紫外辐射增加。可见,这些正向、反馈过程的发生会造成海洋水生环境的变化和海洋生态系统的混乱。

另一个值得一提的问题是20世纪中叶以来,随着工农业生产和社会的发展,人类向大气和河海中排放的废气、废水和废渣也大幅度增加,这些排放使大气和河海受到了严重的污染。据不完全统计,全世界每年向大气中排放的二氧化硫约1.5亿吨,氮氧化物约0.68亿吨,一氧化碳约1.8亿吨,颗粒物约1亿吨。与此同时,全球每年约有4200多亿 m^3 的污水排入江、河、湖、海之中,这大约相当于全球径流量的14%左右,从而使水体遭到污染。这些污染(主要包括石油污染、热污染、放射性污染、盐污染、有毒化学物质污染等等)恶化了水体生态环境,对鱼类、藻类、浮游生物造成直接危害。更值得注意的是,进入到大气和水体的这些污染物中有很多是化学性质很稳定的化合物,它们在大气和水体中的滞留时间很长,因此会产生长时间的慢性危害。其中有些污染物在太阳紫外辐射的作用下发生分解而产生其他污染物滞留在大气和水体中,这些不易分解的污染物的长期积累会使水体的环境恶化,对某些水生生物的生存构成威胁。

对农作物的影响

(1)对农作物生长的影响

植物的生理和发育过程会受到 UV-B 辐射的影响,当然植物也会通过某些机制来改善和补偿这种影响。不同物种对 UV-B 辐射的响应差别很大,即使是同一物种,也会因栽培品种的不同而有不同的响应。UV-B 辐射对植物的影响有很多表现形式,但最根本的还是 UV-B 辐射的生物学效应,即 UV-B 辐射对植物的生理、生化过程的影响。这些过程主要包括:光合作用、植物的呼吸、蒸腾作用以及其他导致细胞膜结构和功能损伤的过程。一些研究结果表明,植物对 UV-B 辐射的响应,也称作用光谱,在 UV-B 的较短波长处更为敏感,这意味着,大气臭氧减少引起的短波端紫外辐射增强会产生更明显的生物效应。紫外辐射增强可以对植物产生多种直接和间接影响,其中包括抑制植物的光合作用,DNA 损害,植物形态变化以及生物量积累变化等。

有报告指出,紫外辐射对农作物生长的影响,首先表现在某些作物幼苗矮化现象的出现,这主要是由于作物在紫外辐射作用下,这些作物节间长度变短或叶片和叶鞘变短造成的,并且单子叶植物表现得更为明显。有人认为这是由于 UV-B 辐射直接改变植物体内激素代谢水平造成的,但也有人认为这是植物组织对紫外辐射的正常的光形态学反应,即由植物本身特有的光感受机能和生长调节机能所致。UV-B 辐射对作物生长影响的另一个表现是作物的叶面积减小,由于作物的叶面积大小直接影响到作物的光合作用,关系到农作物的最终产量,因此这一现象颇为人们所关注。有实验表明,绝大多数单子叶植物在紫外辐射作用下,其叶面积会有明显减小,但这种减小与其他环境要素有关,其中最重要的是环境温度和水分。例如在灌溉条件下,大豆在紫外辐射作用下其叶面积会显著减小,但在干旱条件下这种减小却不明显。UV-B 辐射的增强还会推迟作物的生长发育进程,UV-B 辐射越强,这种生育期的滞后效应越明显。一些实验表明,UV-B 辐射对作物生长的影响随品种和发育阶段而有很大的差别,通常在作物出苗至三叶期其影响效应最明显。在整个生长期中,以三叶期至旁枝形成期对 UV-B 辐射最为敏感。此外,紫外辐射还会对某些物种的开花有实质性的抑制作用,会改变这些物种的开花数目和开花时间,而花期的改变又会对其授粉过程产生影响。通常植物的繁殖部分(如花粉和胚珠等)被防护得很好,可以防止绝大部分入射的 UV-B 辐射,从而保证其免受太阳紫外辐射的损害。这就是说,在通常情况下,植物由于 UV-B 屏蔽色素(如黄酮醇和某些酚醛类化合物等)的存在可以阻止或减少 UV-B 辐射进入基层组织。但在 UV-B 辐射增加的情况下,植物的结构和生物化学特性会发生变化,从而会改变 UV-B 辐射对植物的穿透性。当然这种穿透性的变化会因物种不同而异。有报告显示,UV-B 辐射穿透性最大的是草本双子叶植物,而对木本双子叶、牧草、针叶树类等的穿透性较差,同样情况下,年幼的叶子比成熟的叶子更容易被穿透。

目前有关紫外辐射对农作物生长定量影响的报告并不多,国内对大豆、小麦等农作物所做的实验显示,在南京地区夏季平均 UV-B 辐射增加 8% 的情况下,至成熟期,大豆宁镇 1 号的株高降低了 54.5%,叶片数量减小了 26.2%,生长至成熟期推迟了 6 天。而对小麦的实验也表明,在太阳紫外辐射增强 11.4% 情况下,小麦株高降低了 9.9%,叶面积减小了近 8%。

(2) 对农作物产量的影响

UV-B 辐射增强对农作物生长和发育的负面影响必然最终会导致对这些农作物产量的影响。农作物株高、叶片数、叶面积、光合速率、蒸腾速率以及气孔传导率等物理和生理结构的变化都会影响作物的产量。

植物光合作用的变化会直接导致其产量的变化。通常,过量 UV-B 辐射会使光合作用降低,这是通过两种过程实现的,其一是 UV-B 辐射直接破坏植物体内光合系统酶的活性,使光合色素分子分解而导致其光合作用速率下降,其二是间接影响,即过量 UV-B 辐射使气孔的传导率受到抑制,使气孔的阻力增大,进而降低 CO_2 的传导率和固定率而导致植物的光合生产力下降。

由于不同作物品种对 UV-B 辐射敏感程度的差异,UV-B 辐射对不同品种农作物的产量影响也不一样。对试验结果的分析表明,若不考虑其他因素的影响,如果太阳 UV-B 辐射增加 8%~10%,则会使大豆减产 40% 左右,使小麦减产 20% 左右。但是,在实际情况下,对这种影响很难做出定量估计。这不仅是因为 UV-B 辐射对作物产量的影响会受到其他环境条件的影响,而且还因为其他因素对农作物产量的影响与 UV-B 辐射的影响之间有着复杂的相互作用效应。

在影响农作物产量的其他因素中最主要的是温度、水分和大气中的二氧化碳浓度。一些研究结果表明,温度的过高或过低会减弱太阳紫外辐射增加所产生的效应,而在通常的温度变化范围内

(如 24～28℃),UV-B 辐射增加产生的影响效应才会明显表现出来,但温度的升高会使某些农作物的生育期缩短。同样,水分的多少也会明显改变 UV-B 辐射对农作物产量的影响程度,水分同温度一样会改变农作物的生物生理状态和功能。在水分亏损条件下,UV-B 辐射对农作物生理活动的抑制会被明显减弱。另外,大气中二氧化碳浓度的增加有利于植物光合生产力增加,对于 C_3 植物来讲尤为如此。有人估计,当大气中的二氧化碳浓度加倍时,C_3 植物的光合生产将增加 10%～50%,这无疑会对某些敏感农作物的产量产生明显影响。以上谈及的 UV-B 辐射、温度、水分、二氧化碳等因素对农作物产量的影响,有利有弊,但它们的综合效应不是简单地相加或相减。不仅如此,到目前为止,人们对大气中二氧化碳浓度的变化,大气臭氧层的变化以及未来气候变化可能引起的全球和区域温度、降水变化等还不能确切估计。因此,对 UV-B 辐射增加可能对农作物产量的影响也只能给出一个粗略的估计。

在结束 UV-B 辐射对农作物的影响讨论之前,还应当指出,本节主要讨论了增强的 UV-B 辐射对农作物的生长、发育和产量可能产生的影响。但实际上,除了农作物之外,UV-B 辐射对非农作物(如森林、牧场、草原、苔原等)的影响也是值得注意的。增强的太阳 UV-B 辐射对这些植物的影响主要不表现在生产力的增加或减小方面,因为对某些物种生产力的减弱会被另一些物种生产力的增加而抵消,因此,在生态系统水平上,其生产力会维持在大致相同的水平上。但是,UV-B 辐射的增加会引起某些物种结构的变化,会打破生态系统内部物种之间的竞争性平衡,某些物种会因为对 UV-B 辐射比较敏感而生长处于抑制境地,而另一些物种会因为耐受 UV-B 辐射并从中获得更多的光热而得到发展。总之,太阳 UV-B 辐射的增加对非农业生态系统而言,不是简单地表现为其初级生产力的变化,而是会导致生态系统水平上的物种结构的变化和类型的演替,目前对这种变化还很难预测。

对高分子材料的损害

过量太阳紫外辐射对高分子材料(包括合成高分子和天然生物高分子材料)的损害早已被人们所认识。人们在日常生活中熟知的长期曝露在太阳光照射下的橡胶龟裂,塑料变脆,纸张变黄等等均是太阳紫外辐射损害高分子材料的典型实例。当今,随着科学技术的发展,一些高分子材料越来越广泛地应用于建筑、家俱制作、运输、农业、包装等行业。因此,可能增加的太阳 UV−B 辐射对高分子材料的损害已受到广泛关注。

太阳紫外辐射对高分子材料的损害主要是加速这些材料的光降解速率,其结果导致这些高分子材料的变色和整体机械性能的破坏,进而大大降低这些材料的性能和使用寿命。太阳紫外辐射与高分子材料作用会产生一系列的热氧化过程和光降解反应,这些过程都会引起高分子材料体的大分子链断裂,从而会导致其力学性能的改变,影响它们的使用寿命。

太阳紫外辐射对高分子材料的损害程度取决于太阳紫外辐射的强度和材料本身对紫外辐射的敏感性。前者受地理位置以及大气臭氧层破坏程度的影响,后者则取决于高分子材料本身的种类。在一般情况下,高纬地区太阳紫外辐射强度要比低纬地区低得多,但高纬地区上空大气中臭氧耗损的程度相对较大,但另一方面,在低纬地区虽然大气臭氧耗损相对较小,可是太阳紫外辐射本身较强,且对臭氧变化较为敏感。因此,太阳紫外辐射对高分子材料的损害在全球各地都会发生,差别在于紫外辐射累积量的多少及其对高分子材料的损害程度。目前得到较广泛使用的合成高分子材料包括:聚乙烯(PE)、聚氯乙烯(PVC)、聚丙烯(PP)、聚苯乙烯(PS)、聚碳酸酯(PC)、聚甲基丙烯酸甲酯(PMMA)以及其他共聚物和共混物。这些材料对太阳 UV-B 辐射的敏感性有很大差异,这种敏感性通常是用"作用谱"来描述的。

通常情况下,太阳 UV-B 辐射对高分子材料的损害首先表现在使其变色,这种变色是 UV-B 辐射和高分子材料作用产生的生色化学基团引起的。例如,目前被广泛用来做门框、窗框和天花板装饰的聚氯乙烯,即人们通称的 PVC 板材,在 UV-B 辐射的照射下会变成黄色,然后随着暴露的延续色彩加深。与变色过程同时发生的是材料体内的化学链断裂而造成材料的拉伸性和机械强度迅速降低。这些损害显然会对高分子材料的应用构成威胁,造成严重的经济损失,尤其是在中低纬发展中国家会对人民的社会经济生活带来冲击。

目前,人们对太阳 UV-B 辐射增加引起的高分子材料损害已有认识,在研究这种损害机制的同时,也在积极寻求对付这种损害的对策。这种研究和对策包括两个方面,其一是研制耐光性能更高的高分子材料来代替目前使用的对光比较敏感的材料,其二是在现有高分子材料的生产过程中增加光稳定剂,当然这些问题都还需要做进一步的研究。

第五章
大气中的臭氧洞

南极臭氧洞的出现

南极上空臭氧浓度的异常变化

在第一章中已经提到,大气中臭氧总量在全球的分布有着明显的季节和纬度变化。一般情况下是冬末春初观测到臭氧总量的最大值,而最小值出现在秋季,这种变化在热带地区表现得不明显,而随着地理纬度的增加,这种季节变化越明显。不仅如此,在同一季节,大气中的臭氧总量也随纬度的增加而增大,由于大气环流的影响,通常在南半球的60°左右和北半球的极区附近均为臭氧总量的高值区。观测资料显示,在南极地区,大气臭氧总量的季节和年际变化尤为明显,并且观测到了不寻常的变化特征。图5.1是南极大陆地区上空臭氧总量值与其长期平均值偏差的年平均距平。

图5.1是根据南极地区四个站的臭氧观测资料得到的,这四个站是美国的法拉德站(Faraday),日本的昭和站(Syowa),英国的

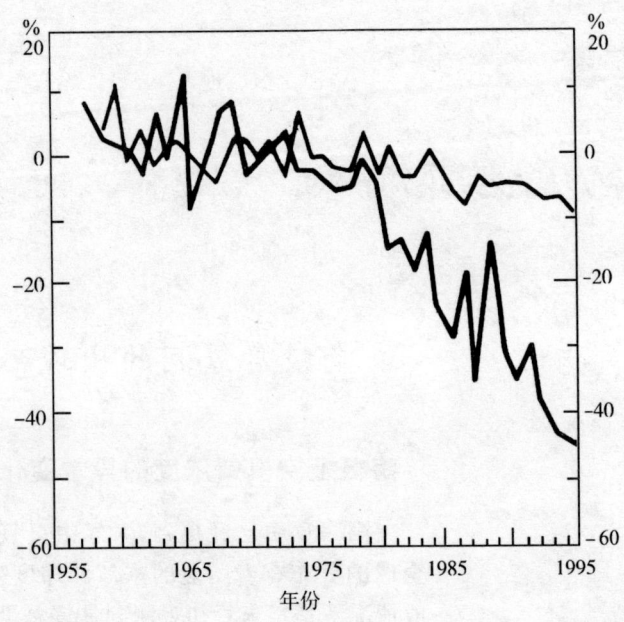

图 5.1 南极地区臭氧总量值与平均值偏差的年均距平
(图中细线为1、2、3月数,粗线为9、10、11月数值)

哈利湾站(Halley Bay)和美国的南极点站(South Pole),臭氧总量的长年平均值是这四个站 1957～1978 年间的平均值。图中粗线和细线分别表示春季(9～11月)和夏季(1～3月)的年均距平的变化。图 5.1 显示,自 20 世纪 70 年代末以来,春季南极上空的臭氧总量呈显著下降趋势。进入 90 年代,春季的这种臭氧下降幅度超过了 40%(与 1957～1978 年间的年均值相比)。南极地区上空大气臭氧总量的这种下降趋势一直延续至今。南极地区上空春季(10月)大气臭氧总量的这种明显减少现象最初是在南极的日本昭和(Syowa)观测站和英国的哈利湾站(Hally Bay)相继发现的。两个观测站都观测到了自 1974～1975 年以来,每年 9～10 月份臭氧总量与同年 3 月份相比呈明显下降趋势,其中以 1982 年 10 月臭氧量的下降最为明显。南极上空平流层中臭氧含量的季节性减少这一现象首先在 1985 年由英国科学家约瑟·法曼等（Joseph Farman）在"英国南极勘探"（British Antarctic Survey）杂志上报导,并称之为臭氧洞（Ozone hole）。法曼等当时就指出,这个臭氧洞的面积约相当于美国领土那么大,臭氧洞范围内,臭氧总量减少50%左右。有关南极上空臭氧异常变化的报导引起了科学界的极大关注,为确认这一现象的存在,科学家们在对地面臭氧观测资料进行分析的同时,对当时掌握的卫星观测资料（如臭氧总量图像光谱仪,TOMS,平流层气溶胶和气体试验系统,SAGE 等）也进行了重新分析。结果证实了春季南极臭氧洞存在的事实,并结合对臭氧探空仪资料的分析,进一步指出了春季南极上空臭氧的耗损主要发生在 14～24 km 高度范围内。人们就把南极地区上空臭氧总量季节性异常减少的现象称为"南极臭氧洞"并一直延用至今。

什么是臭氧洞

所谓南极臭氧洞是指南极地区上空大气臭氧总含量季节性大幅度下降的一种现象,并非真正出现了洞。为了给臭氧洞一个相对明确的定量化概念,世界气象组织（WMO）建议,称臭氧总量下降至 200 DU 以下的区域为臭氧洞。

对迄今已掌握的卫星和地面观测资料的分析表明,南极大陆上空大气中臭氧含量的明显减少始于 20 世纪 70 年代末。1982 年 10 月南极上空首次出现了臭氧含量低于 200 DU 的区域,形成了臭氧洞。在随后的几年里,臭氧洞的面积不断扩大,于 1987 年 10 月达到最大值并出现了臭氧总量值低于 110 DU 的区域,其中在 14～24 km 高度范围内,臭氧的耗损达 95%。20 世纪 90 年代以来,南极臭氧洞继续发展,9～10 月份期间,臭氧的破坏程度均达到臭氧洞出现之前同期臭氧平均值的 60%～70%,臭氧洞最大覆盖面积约为 20×10^6～24×10^6 km^2,最低臭氧值在 100 DU 左右。南极臭氧洞通常于每年 8 月中或末开始逐渐形成,9 月下旬之后臭氧减少速度明显增加,一般在10月上旬臭氧洞的深度达到最深,面积达到最大,且臭氧量停止进一步减少,此后至11月中旬左右臭氧量慢慢恢复并一般于11月底或12月初臭氧量迅速恢复到正常值。

南极臭氧洞的出现提醒人们,大气臭氧层这把地球上一切生命的天然保护伞已经受到了严重威胁。当前人们普遍关心的问题是:南极臭氧洞的出现是否预示着全球臭氧层的变薄?臭氧洞是否会在地球的其他地区出现?

其实这一问题是在南极臭氧洞发现不久由科学家们自己提出来的。早在1987年,联邦德国的科学家们报导他们发现北极上空也有一个臭氧洞,其面积约为南极臭氧洞的1/5,这一报导在当时更加重了人们已有的紧张情绪。于是1989年,来自美国、英国、挪威和联邦德国等国的200多名科学家对北极上空的臭氧层进行了考察。结果表明,北极上空臭氧层的破坏相当严重,但没有形成臭氧洞。在随后的10多年间,人们不断得到有关北极上空臭氧严重耗损的报导。尤其是20世纪90年代以来,在中纬度北美洲和欧洲的大部分地区以及西伯利亚上空连续出现臭氧浓度的不寻常减少,其降低幅度平均在10%～25%之间,个别地区报导了1天之内臭氧浓度比其长期正常值低35%～40%的情况。但是,对已有观测资料的分析表明,到目前为止,在北极上空尽管冬季臭氧耗损比较严重,但尚不存在臭氧洞。而且根据目前对南极臭氧洞形成原因的认识,科学家们预言,北极上空冬季的臭氧耗损将会维持很长一段时间,甚至会更严重,但是由于南北极上空温度和大气环流形势等的明显差异,在北极上空出现像南极上空那样的臭氧洞的可能性较小。

由此可见,臭氧洞的正确含意是臭氧总含量的大幅度耗损,并非是大气中的臭氧总含量减到了零值,真正出现了空洞。南极上空出现臭氧空洞这一现象被报导之后,立即引起了美国国家航空和航天管理局(NASA)理查德·斯多拉斯基(Richard Stolarski)等人的兴趣,他们对放置在极轨轨道卫星 Nimbus-7 号上的臭氧总量图像观测仪(TOMS)所观测到的全部数据进行了分析,确认了上述事实。随后包括中国在内的很多国家都组织科学工作者对南极上空臭氧变化开展了实地考察和相应的理论研究工作。英国臭氧层考察小组率先奔赴南极洲,在那里设立了一个研究中心以研究臭氧层的耗损,并于 1987 年发表了第一个南极上空臭氧层考察报告。与此同时,各国科学家先后从地面以及利用飞机、卫星和气球等手段对南极臭氧洞开展了全面探测和相应的理论研究工作,寻求南极臭氧洞产生的原因以及人类活动对全球臭氧变化的影响。南极上空臭氧总量明显减少,臭氧洞的面积已覆盖到南美洲南端的部分地区。图 5.2 给出了中国学者在 1993 年 10 月 10 日南极臭氧洞期间获得的中国中山站上空大气臭氧浓度随高度的分布廓线。图中同时给出了 1993 年 4 月 18 日(非臭氧洞期间)相应的臭氧廓线。可以明显看出,南极臭氧洞期间,大气中臭氧浓度的垂直

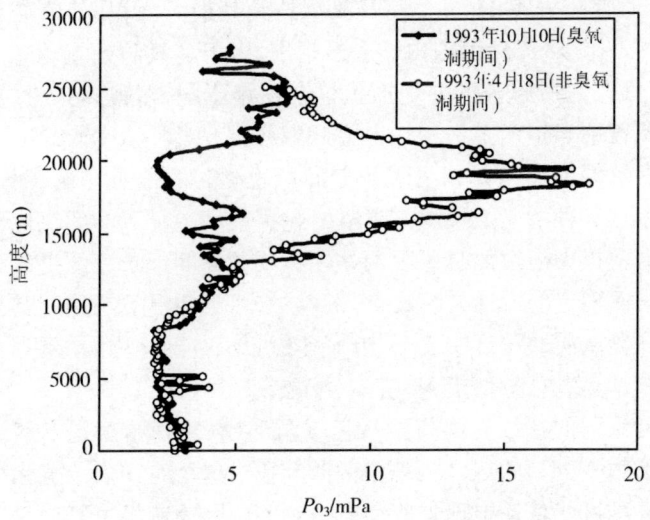

图 5.2　南极臭氧洞期间中山站上空的臭氧廓线

分布廓线发生了明显的变化,通常在平流层中下部存在的臭氧峰值完全消失,说明在此期间大气臭氧的耗损主要发生在 10～27 km 的高度范围内。

臭氧洞的描述

为了研究臭氧洞的生成、发展和消失等过程,为了评估臭氧洞的演变趋势,科学家们通常使用各种不同的"指标"来描述臭氧洞。这些指标主要包括:臭氧洞的面积,臭氧洞的深度,臭氧洞的持续时间,臭氧洞的出现、消失时间等等。

臭氧洞的面积,通常是指南极上空臭氧总量低于 200 DU 的区域所占的面积。这一面积在臭氧洞形成、发展和消失过程中不断变化,因此一般用臭氧洞最大面积来描述各个年度臭氧洞的状况,当然这个最大面积的逐年变化会反映出臭氧洞的逐年演变状况。南极上空臭氧洞的面积随着臭氧洞的形成、发展和消失也在不断变化,通常在每年 10 月上旬臭氧洞达到其最大面积,其值变化于 2000～2500 万 km^2 范围内。应当指出,由于臭氧洞处在动态变化之中,因此它所覆盖的陆地面积也会逐年不同,在很多年份,臭氧洞的覆盖到达了南美洲南端上空(图略)。

臭氧洞的深度是指臭氧洞期间所观测到的最小臭氧总量值,这个值在某种意义上反映了臭氧的耗损程度。臭氧洞的深度一般是根据南极大陆地面臭氧观测站在臭氧洞期间记录到的臭氧总量最低值而确定的。通常情况下,每年 10 月上旬臭氧洞达到其最大深度。臭氧洞的深度变化于 100～120 DU 范围之内,在个别年份也曾有过臭氧总量低于 100 DU 的记录。

臭氧洞的持续时间是指从臭氧洞形成(即开始出现臭氧总含量小于 200 DU)的区域到消失的时间段。这个时间表示着南极上空大气臭氧严重耗损现象所存在的时间。因为南极臭氧洞是一种季节性现象,所以记录每年臭氧洞的持续时间对研究臭氧洞形成与南极上空相应的化学和动力学过程的关系至关重要。多年观测记录表明,南极臭氧洞的持续时间一般为 70~90 天。

臭氧洞的出现和消失时间,是指每年大气臭氧开始严重耗损(即出现臭氧总量低于 200 DU 的区域)和开始恢复(臭氧总量低于 200 DU 的区域消失)的时间,这两个时间决定着臭氧洞在南极大陆上空的持续时间。观测记录表明,南极上空臭氧洞每年的出现时间大致相同,一般在每年的 8 月末出现,而消失时间会因为极区涡旋维持的时间不同(见下节)而变化于每年的 11 月中旬至 12 月上旬之间。图 5.3 给出了 1987 年南极臭氧洞的发展变化过程,这

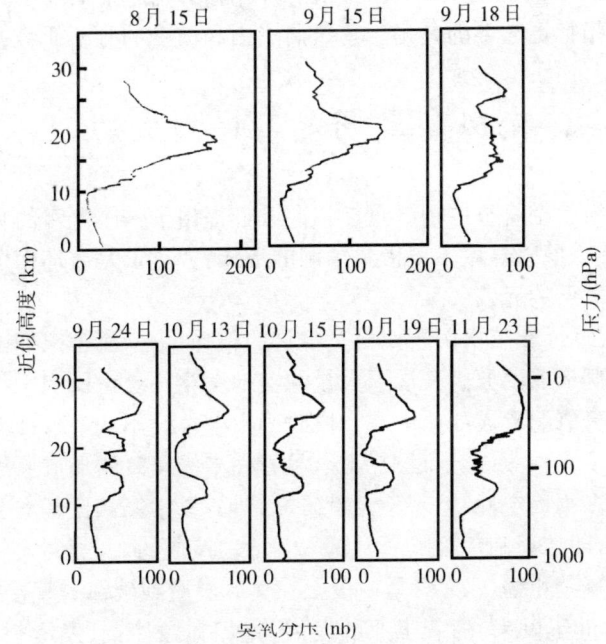

图 5.3 1987 年南极臭氧洞的演变过程

是根据在南极哈利湾站(英国)的臭氧探空资料得到的。可以看到,8 月 15 日 Haley Bay(南纬 76°)上空的臭氧分布相对地没有被扰动。明显的臭氧耗损首先出现于 20~30 hPa(相当于 25 km 左右)

高度范围内(9月5日),13天后臭氧耗损扩展到100 hPa(相当于15 km左右)高度处,然后变得更低(9月24日)。在10月中旬左右(10月13日和15日)臭氧的耗损达到最大值,在14~23 km高度范围内,臭氧的耗损约为95%。在11月23日,已明显观察到臭氧耗损减弱,臭氧值开始恢复。

除上述提到的指标外,在描述南极臭氧洞时,人们还用到其他指标,例如臭氧洞的上边界(指大气中臭氧出现明显耗损的气层上界高度,一般为25 km左右),臭氧洞的下边界(一般为13 km左右),以及臭氧洞出现的纬度极限(指可能出现的最低纬度)等等,但这些指标更重要的是用于臭氧洞成因和演变的分析研究。

南极臭氧洞是怎样形成的

南极上空臭氧层的严重耗损向人们提出了一个严肃的科学问题:是什么原因导致了南极臭氧洞的形成?究竟谁是破坏南极上空大气臭氧层的元凶?

自1985年首次关于南极臭氧洞的报导以来,科学家们围绕南极臭氧洞形成的原因开展了大量的实地考察和理论研究工作。围绕南极臭氧洞形成的原因在一段时间内曾争论不一,众说纷纭,先后提出了多种假说。到目前为止,尽管在南极臭氧洞形成原因方面尚有很多不确定性,但基于大量研究结果,科学家们已基本上取得了共识,即认识到南极臭氧洞是人类活动造成的,人类向大气中排放的氯氟碳化物(CFCs)是南极上空臭氧层遭到破坏的直接原因。

20世纪以来,随着工业的发展,人们在致冷剂、发泡剂、喷雾剂以及灭火剂中广泛使用性质稳定、不易燃烧、价格便宜的氟氯烃物质以及性质相似的卤族化合物。这些物质在大气中滞留时间长(有的可达100年以上),容易积累,当它们上升到高层大气以后在强烈的太阳紫外辐射作用下便会释放出氯(溴)原子,后者可以从臭氧分子中夺取一个氧原子,使其变成氧分子,而生成的一氧化氯

(溴)很不稳定,又与另一氧原子结合,使氯(溴)原子再次游离出来,又重复上述反应,这种过程可以重复上千次。这就是说,一个氯(溴)原子可以使上万个臭氧分子遭到破坏。早在1974年美国加利福尼亚大学化学系的弗·罗兰(F·Rowland)等曾预言,若氟利昂的生产以每年22%的速度增加并释放到大气中,那么到1985年全球臭氧含量将下降5%,后来的卫星和地面观测资料都证实了这一预言。

在南极上空,冬季由于没有热能或热能很弱,气温稳定下降,上层大气变冷。不仅如此,被称为极区涡流的环极气流将南极大陆上空的空气团团围住,使得高纬度的大量空气与四周的中低纬度空气隔离开来而形成一个温度很低的区域并伴随着极地平流层云(PSC)的出现。在这一区域内,通过相应的化学反应将不太活跃的氯(溴)化合物转化成活跃的相应化合物并在太阳紫外辐射的作用下分解出破坏臭氧的游离氯(溴)原子,从而使该区域内的臭氧遭到大幅度破坏而形成臭氧洞。当太阳回到极纬,极区温度开始升高,臭氧的耗损过程逐渐减弱,同时极地涡流遭到破坏,高低纬度之间的经向交流活动加强,含有低浓度臭氧的空气迅速向低纬度地区扩散,极区周围臭氧含量高的空气进入极区上空,导致臭氧洞最后消失。

上述对南极臭氧洞形成过程的解释基本上已成为多数科学家们的共识,由此可见,CFCs是造成南极上空出现臭氧洞的真正元凶。

臭氧洞成因的争论

人们提出了种种假说来解释南极臭氧洞的形成,其中最主要的是太阳活动假说、化学假说和动力学假说。提出太阳活动假说的学者认为,尽管南极臭氧洞的出现与人类活动有关,但它基本上是一种与太阳活动周期有着密切关系的自然现象。他们基于太阳紫外辐射强度与平流层中上部臭氧含量存在着正相关等研究结果,用太阳活动,尤其是一些大的太阳活动事件(如太阳质子爆发事件等)来解释南极地区,乃至全球范围内的大气臭氧耗损现象。最近又有人提出太阳风是造成南极臭氧洞的"元凶"。太阳风是一种来自太阳的高能粒子流,这种来自太阳的高能粒子一部分被大气层吸收而保持在磁层里,而另一部分受地球磁场的影响随着磁场的切线方向流向极地,导致极地上空空气分子的离解,其结果是在大量离子的催化下臭氧分子遭到破坏,他们以此来解释每年春季在南极上空出现的臭氧耗损。主张南极臭氧洞化学成因的学者则认为,南极臭氧洞的出现主要是人类活动造成的,人类向大气中排放的氟氯烃化合物(CFCs)是导致南极臭氧洞的直接原因。与此同时,一些学者还提出南极上空存在的冰晶云在臭氧洞形成中的关键作用,还有人提出大量的火山喷发物是加速南极上空臭氧耗损的重要原因等等。

臭氧洞形成的化学原因

在"臭氧层耗损的化学理论"一节中曾描述过大气臭氧层破坏的化学理论,并且提到过在大气平流层的上部,对于臭氧的形成和破坏而言,基本上是处于光化学平衡状态,而在平流层的中、下部大气中臭氧的分布主要取决于大气环流过程,由于这些过程在全球范围内的态势和变化均有一定的规律,因此大气中的臭氧分布也呈现相应的规律性(见"臭氧在大气中的分布和变化"一节)。南极地区上空出现的季节性臭氧异常变化说明控制臭氧生消的各过程之间失去了平衡。10~27 km 高度范围内臭氧的大幅度耗损(见图 5.2),说明在平流层中、下部存在着破坏臭氧的特殊过程。下面介绍导致南极臭氧洞形成的异常化学过程。

真正为南极臭氧洞形成的化学原因提供证据的是在平流层中、下部实际观测到的臭氧浓度和氯化合物浓度在臭氧洞期间及其前后的变化特征。观测资料显示在南极臭氧洞形成过程中,在南纬 $65°\sim72°$ 地区上空 18 km 左右高度处空气中的臭氧浓度和氯氧原子团(ClO)的浓度发生显著变化,出现了低 O_3 和高 ClO 浓度的区域,这个区域后来被称为化学扰动区(CPR)。在这个区域中观测到的 ClO 浓度较区域外高 10 倍左右,而相应的臭氧浓度则从区域外的 2.5×10^{-6} 左右下降到区域内的 1.0×10^{-6}(见图 5.4)。这说明在 CPR 内确实存在着与空气中 ClO 浓度有关的耗损臭氧的异常化学过程。

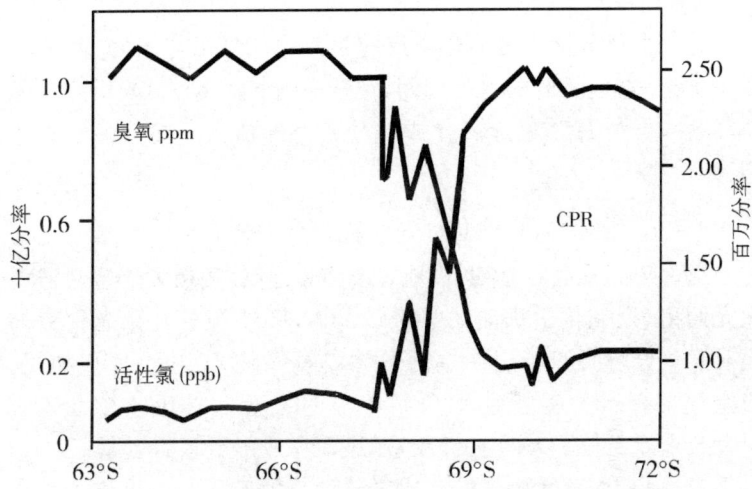

图 5.4 南极上空化学振动区中活性氯(ClO)和臭氧(O_3)浓度的变化

氯元素破坏大气臭氧的基本理论(见"臭氧层破坏的解释"一节)表明,有足够的活性氯和原子氧是保证总反应效应导致臭氧破坏的基本条件。这种条件在平流层中下部是很难达到的,这就是说,在这一高度范围内必须同时有其它的过程来保证大量的活性氯从其储能态分子中源源不断地释放出来,并且同时有相应的催化过程保证相应化学反应的进行,而最后才能导致臭氧的破坏。

在通常状况下,大气中的元素氯以 HCl、$ClONO_2$、ClO 以及 Cl_2O_2 等形式存在,在这种情况下,它不能破坏臭氧。但是,在南极上空冬季,由于特殊的极地环流形势使空气温度下降很低(通常低

于 $-80\ ℃$),并且出现极地平流层云(PSC,一种完全由冰粒组成的云体),因此,很容易会发生 $ClONO_2$ 与 HCl 之间的多相(在冰粒表面)化学反应,即

$$HCl + ClONO_2 \rightarrow Cl_2 + HNO_3$$

其结果,大量氯气以气态形式放出,而 HNO_3 则成为冰粒子。不仅如此,在较低的温度下,$ClONO_2$ 也可以直接与冰水反应释放出 Cl_2O。

另一个释放活性氯的化学反应是氯化氢粒子与 N_2O_5 的表面多相反应。在漫长的极地夜期间,空气中的 NO_2 会与 O_3 反应生成 N_2O_5 后,再与 HCl 反应转化成 HNO_3 并释放出易被分解的氯化物,即

$$N_2O_5 + HCl \xrightarrow{表面} ClNO_2 + HNO_3$$

当每年 8 月底 9 月初,极地之夜结束之时,南极大陆重新被太阳光照射,处在化学扰动区中的 $ClNO_2$,Cl_2O 等被可见光和紫外辐射光化分解而产生 ClO_x 原子团参与臭氧破坏过程。不仅如此,当空气中有 NO_2 存在时,ClO 可以与 NO_2 反应转化成 $ClONO_2$,后者会重新与粒子态的 HCl 反应,进而释放出更多的氯原子。

应当指出,通常所说的造成全球性臭氧破坏的由氯原子参与的催化反应(见"臭氧层耗损的化学理论"一节)并不能解释南极臭氧洞的发生,因为这类催化反应的总反应效果是 $O + O_3 \rightarrow O_2 + O_2$,但在南极上空臭氧耗损最严重的平流层中下部氧原子的浓度极低。大量的室内外试验结果显示,在南极上空化学扰动区内,ClO_x 原子团耗损臭氧是通过另外的催化反应来实现的,即

$$ClO + ClO + M \rightarrow Cl_2O_2 + M$$
$$Cl_2O_2 + h\nu \rightarrow Cl + ClOO$$
$$ClOO + M \rightarrow Cl + O_2 + M$$
$$2(Cl + O_3 \rightarrow ClO + O_2)$$

总反应式为:$2O_3 + h\nu \rightarrow 3O_2$

可见,在这类破坏臭氧的催化反应过程中,ClO 本身以及 ClO 的二聚体就是循环物。南极上空化学干扰区中足够高的 ClO 浓度(0.8~1.0 ppb)和极夜之后的阳光照射会使破坏臭氧的这种催化反应进行下去。

科学家们还发现,大气中的其他卤代烃,尤其是溴的氧化物(BrO)在南极臭氧洞形成中也起着重要作用,通过 BrO 与 ClO 的偶联反应可以耗损臭氧,尽管目前大气中的 BrO 浓度较低(一般为 50~10 ppt[①]),但考虑到大气中溴的浓度增长很快,因此它对臭氧的破坏作用也不能低估。

臭氧洞形成的动力学原因

目前,在南极臭氧洞成因研讨中,一种被普遍接收的观点是人类和大气中排放的消耗臭氧层物质是导致臭氧洞发生的直接原因,南极大陆上空特有的气象条件和大气动力学过程则是臭氧洞形成的必要条件。这就是说,在南极臭氧洞成因研究中不能不考虑该地区上空的动力学过程。

在讨论臭氧洞形成的化学原因时曾提到,在南极上空的平流层中下部之所以能够发生异常的化学过程要具备两个最基本的条件,其一是要有足够低的温度,以便形成极地平流层云,进而为释放氯原子团的特殊化学反应提供场地,其二是要保持有足够的氯原子团,以便在极夜之后,在太阳光的照射下耗损臭氧的催化反应得以进行。南极上空的大气动力学过程正好创造了这种基本条件。

南极洲是全球最冷的大陆,常年被深厚的冰雪所覆盖,南极上空对流层中,冬夏均为气旋式环流,称为极涡,平流层内,冬季为极涡,但夏季则为一巨大的反气旋所控制。极地由于中心是大陆,四周为海洋,海陆分布较均匀,因此极涡比较稳定。稳定的极涡似乎将南极上空的空气孤立起来,切断了与中低纬度空气的交流,其结

---

① ppt=10^{-12}

果是导致温度稳定降低,极涡越强,维持的时间越长,涡内的温度越低,以至在涡中心区域形成一个温度很低的冷核。研究表明,当冷核区的温度低于 -80 ℃左右时,空气中的 HNO_3 和 H_2O 便冷聚成极地平流层云(PSC),这是一种特殊的由三水合硝酸粒子构成的冰粒云。这种云的形成和存在一方面可以使 HNO_3 成为冰粒子,从而将空气中的活性氮移走,促进活性氯的释放,另一方面,可为特殊的多相化学反应提供场地。这就是说,南极上空冬季稳定的极涡将南极上空的空气与中低纬空气隔离开来,而形成一个特有的化学扰动区域,在这区域内,由于在冰粒表面发生的各类多相反应而释放出大量的氯原子团而导致臭氧破坏。可见,南极上空极涡的强度,涡中冷核的温度以及化学反应所释放的氯原子团的浓度决定着臭氧洞的出现时间以及臭氧洞的面积和强度。之后,当太阳回到极地纬度区时,极区上空气温上升,朝西方向的气流减弱,极涡强度减弱,最后导致极涡破裂,高、低纬间的交流加强,臭氧洞消失。

由上所述,动力学过程虽然不是南极臭氧洞形成的直接原因,但南极上空的气象条件和环流形势(如低温,平流层云,极涡等)以及南半球大气环流的变化等却直接影响着南极臭氧洞的形成、发展和消失的所有过程,是破坏南极上空大气臭氧层的"帮凶"。

南极臭氧洞的演变趋势

臭氧洞的过去和现状

自 1985 年出现南极臭氧洞的公开报导之后,科学家们对南极大陆臭氧监测站获得的臭氧资料和相应的卫星观测资料进行了认真分析,结果证实,南极上空臭氧量的严重耗损始于 20 世纪 70 年代中后期,并逐渐加重,以至在 1987 年出现了臭氧洞面积达 2000

万 km^2，臭氧洞内臭氧柱总量低于 150 DU（个别日期低于 125 DU）的历史记录。继 1987 年出现臭氧洞有史以来南极上空臭氧耗损最严重（相对于 1957～1978 年平均值，9～10 月份臭氧耗损达到 60%～70%）的态势之后，1988 年南极上空的臭氧却发生了人们未预料到的戏剧性变化，这一年 9～10 月间，虽然臭氧总量有所耗损但没有明显的臭氧洞出现。观测到的臭氧总量最低值仅为 217 DU，极涡在 10 月末和 11 月初已完全破坏。随后的 1989～1990 年间，南极上空的臭氧又呈现出严重耗损状况，臭氧总量的最低值分别达到了 135 DU 和 133 DU，臭氧耗损状况基本与 1987 年相当。进入到 20 世纪 90 年代之后，南极上空臭氧的耗损仍然表现出了比较严重的耗损态势，1992～1994 年连续 3 年臭氧洞的面积均达到 2400 万 km^2，臭氧总量的最低值均达到 100 DU 以下，1993 年南极点站（South Pole）还出现了臭氧总量为 81 DU 的极端低值（1993 年 10 月 5 日），而且臭氧洞的出现时间也提前到 8 月中旬（通常臭氧洞出现时间为 8 月底 9 月初）。在 14～20 km 高度范围内，约有 4～6 周时间，臭氧的耗损几乎是 100%。不仅如此，由于臭氧洞面积的扩大，臭氧洞的覆盖面积不断向南美洲的南部扩展，覆盖的时间也有所增加。例如，臭氧洞覆盖南美洲南部有人居住区的时间：1991～1992 年为 2～3 天，1993 年为 4 天，1994 年为 1 周。1995～1996 年间臭氧洞的面积略有减少，但臭氧洞的持续时间却创造了臭氧洞有史以来的最长记录，臭氧洞超过 1000 万 km^2 和 2000 万 km^2 的持续天数分别为 77 天和 39 天（1995 年）以及 80 天和 25 天（1996 年）。进入 90 年代末期，1998～2000 年间，南极臭氧洞又呈现出再次加剧势态。1998 年，臭氧洞面积短时间达到 2720 万 km^2，而 2000 年，臭氧洞面积短时间达到了 2830 万 km^2。

对南极上空臭氧洞演变的分析再次表明，南极上空化学扰动区中的氯化物浓度、极涡的存在时间和稳定程度以及极低温度和极地平流层云（PSC）的存在等是控制臭氧洞演变的决定因素。

1985年以来南极臭氧洞仅在1988年没有出现,而这一年,南极上空的特殊环流形势使得极区上空的增温和随后的极涡破坏过早的发生在10月末和11月初,这比其他年份约提前了1个月。表5.1给出了20世纪90年代至今南极臭氧洞面积和深度的演变情况。为比较起见,表内同时列出了80年代南极上空臭氧耗损最严重的1987年的相应数据。不难看出,到目前为止,南极臭氧洞仍然维持在较严重的水平上。

表 5.1 南极臭氧洞面积和深度的演变

年份	1987	1990	1991	1992	1993	1994
面积(百万 km^2)	20	20	17	24	24	24
深度(DU)	150	133	130	100~110	80~90	95~110
年份	1995	1996	1997	1998	1999	2000
面积(百万 km^2)	22	22	25	27	22	25
深度(DU)	110~115	100~110	100	100	<100	<100

臭氧洞何时恢复

来自美国宇航局新闻公报的消息说,2000年10月,南极上空的臭氧空洞面积达到2900万 km^2,这是迄今为止观测到臭氧空洞的最大面积。人们不禁要问,南极臭氧洞还会继续扩大吗?南极上空的臭氧空洞还会持续多久?科学家们的回答是,这完全取决于人类自己。我国政府和科学家们非常关心保护大气臭氧这一全球性的重大环境问题。我国早于1989年就加入了《保护臭氧维也纳公约》,先后积极派团参与了历次的《公约》和《关于消耗臭氧层物质的蒙特利尔议定书》的缔约国会议,并于1991年加入了修正后的《议定书》。我国还成立了保护臭氧层领导小组,开始编制并完成了《中国消耗臭氧层物质逐步淘汰国家方案》。根据这一方案,我国已于1999年7月1日冻结了CFCs的生产,并将于2010年前,全部停止生产和使用所有消耗臭氧层物质。1999年底我国政府在北京举办了《关于消耗臭氧层物质的蒙特利尔议定书》缔约方大会第十一次会议。所有这些活动表明了人类为挽救大气臭氧层已经和正在付出巨大的努力,虽然为时稍晚,但仍不失为"亡羊补牢"之举。

根据目前人们对南极臭氧洞成因的认识,臭氧洞的恢复将主要取决于大气中那些消耗臭氧物质的浓度,其中主要是氯化物和溴化物的浓度。由于人类活动的排放,大气中卤代烃的浓度在不断增加,目前,南极上空大气中的氯浓度已超过 4×10^{-9}。对 20 世纪 70 年代以来大气中 CFCs 浓度变化以及臭氧耗损变化趋势的分析表明,南极大陆上空活性氯含量达到 2×10^{-9} 时便会对臭氧产生明显的耗损,北半球大气中臭氧耗损加速和南极臭氧洞也正是在这一活性氯含量左右的情况下开始的。因此,可以认为,南极臭氧洞的恢复取决于大气中的活性氯含量能否恢复到 2×10^{-9} 的水平以下。考虑到 CFCs 在大气中的滞留时间很长,所以,即便是蒙特利尔议定书全面得到执行,大气中 CFCs 的浓度还会在一段时间内继续增加,并可能在 21 世纪初达到最大值后才能开始逐渐减小。故而,大气中活性氯含量恢复到 2×10^{-9} 的水平大约也需要到 2060～2070 年。这就是说,南极臭氧洞的恢复将是 21 世纪 50 年代之后的事。最近,诺贝尔化学奖获得者保罗·克鲁森预告,臭氧洞可望在 30～40 年后消失,显然,这是一种比较乐观的估计。当然,大气臭氧层变化涉及到发生在大气中的一系列复杂的物理、化学和动力学过程,其中有些问题目前尚未被科学家们所认识,因此,上述预言在科学上均有一定的不确定性。但无论如何,人类应当从臭氧空洞出现这一事实中反思自己的行为,对目前臭氧层耗损可能导致的恶化人类生存环境的后果采取相应对策,并应当刻不容缓地采取行之有效的坚决行动,确实保护好人类赖以生存的大气臭氧层。

臭氧洞会在其他地区上空发生吗？

人们在讨论大气臭氧层变化时，一般关注的是两方面的问题，其一是全球性的臭氧耗损，即在全球范围内的臭氧增加或减少，其二是在全球臭氧变化的背景下，在某一些地区出现臭氧含量的一些幅度较大的特殊变化，即后者表现为区域性的臭氧特殊变化，这种变化的时间尺度可以是季节性的，也可以是更短时间的，南极臭氧洞即属于这种变化。南极臭氧洞的出现和演变说明在一定的气象条件下，在某一地区的某一时段内可能出现比全球平均状态严重得多的臭氧耗损。人们在庆幸臭氧洞发生在南极大陆上空的同时，也在担心臭氧洞是否会在地球的其他地区发生，尤其关心的是，臭氧洞是否会在北半球人口密集的中纬度地区上空发生？人们的这种担心并不是没有道理的，它需要科学家们做出实事求是的科学回答。

南极臭氧洞报导之后，包括中国在内的全世界有关科学工作者都对大气臭氧层的变化给予了极大的关注。人们首先关心的是北极地区，在英国科学家报导南极上空出现臭氧洞不久，1987年德国科学家报导了北极上空也有一个臭氧洞，其面积约为南极臭氧洞的五分之一。虽然随后的研究没有证实北极臭氧洞的存在，但研究结果显示了北极上空消耗臭氧的氟氯烃浓度比原先认为的高出约50倍，指出了北极冬季上空的臭氧耗损确实是严重的事实。随后，在20世纪90年代，大量的气球、飞机和卫星观测均显示，在冬春季节，北极上空会出现严重的臭氧耗损，这种耗损在1992、1993、1995等年份均达到20%以上。在此之后一直到目前，北极上空冬春季节的臭氧耗损仍然比较严重。最近联合国环境规划署（UNEP）和世界气象组织（WMO）共同发布的臭氧耗损科学评估报告指出，在北极上空，有的年份臭氧耗损达到了30%，在某些高度，臭氧的耗损达到了70%。对北极上空臭氧变化的研究还发现，同南极类似，在冬春季节，在北极上空同样存在着一个相对封闭的化学扰动区域,在这一区域内同样观测到了高浓度的氯、溴化合物,这些现象都与南极上空非常相似,但是,北极上空臭氧的耗损却没有像南极上空那样严重。究竟是什么原因造成南极和北极上空臭氧耗损的差异呢?这要从两极区的地貌和气象条件说起。北极俗称北冰洋,实际上是大陆环绕的永冻水域,而南极则是常年被冰雪覆盖的大陆,两极地区分属不同的气候类型,北极冬季气温平均为 -40 ℃ 左右,而南极大陆内陆地区冬季温度在 -50 ℃～ -60 ℃ 范围内,最低记录曾达到过 -88.3 ℃,这是迄今为止记录到的全球地面绝对最低气温。由于地貌和气象条件(包括大气环流状况)的差异,使得北极上空平流层中的温度一般不低于 -80 ℃,尽管冬季极涡存在,但与中纬度的气团交换却比南极强得多。另外,平流层的突然增温(一种几天内平流层下部气温增加十几度的现象)也会使北极上空的极涡产生干扰。这就是说,北极上空形成的化学干扰区域的封闭程度要比南极上空的差。不仅如此,更重要的差别在于,北极上空的极涡通常会在冬末消失,也就是说,在太阳光照分解氯、溴化物导致大尺度臭氧耗损之前,极涡就开始减弱并逐渐消失,从而使耗损臭氧的过程减弱。这就是尽管北极上空冬春臭氧耗损严重,但至今仍未出现像南极上空那样的臭氧洞的原因(有人把北极上空严重的臭氧耗损称为臭氧空坑(dent)以示与南极臭氧洞(hole)在程度上的区别)。当然这并不排除在今后的某一时间内北极上空会出现臭氧耗损比目前更为严重的情况。

除了北极之外,人们还非常关心北半球中纬度地区上空的臭氧变化,不难想像,北半球中纬度陆地的任何地区上空出现臭氧洞都会给人类本身带来灾难性的后果。值得注意的是,在人群集中的北半球,20世纪90年代以来在冬季连续观测到1957年以来的最低臭氧值,而且在某些地区,如从西伯利亚至欧洲西部的广大地区上空,月平均臭氧亏损达到 10%～25%。不仅如此,在世界屋脊青藏高原地区上空也发现了臭氧层的不寻常季节性耗损,在这里每年夏季(6～9月)出现大气臭氧总量的低值中心,其臭氧耗损较同纬度地区约大11%,并有逐年加深的迹象。这些观测事实表明,在当前全球性臭氧层变薄的情况下,确实在某些地区,包括北半球中纬度的某些地区上空出现了较严重的臭氧耗损,但多数科学家认为,除南极上空已形成季节性臭氧洞外,其他地区上空的臭氧耗损还不能称为臭氧洞。

第六章
保护大气臭氧层

消耗臭氧层物质

什么是消耗臭氧层物质

前面已经提到,人类排放到大气中的某些物质,主要是卤代烃等,由于其化学性质稳定,在大气中滞留的时间很长,足以使这些物质注入和积累在大气平流层中并在太阳光作用下参与一系列催化反应,最后导致大气臭氧的耗损。人们把这些破坏大气臭氧层的物质统称为"消耗臭氧层物质",并采用英文字头简称为ODS。目前,被人们认识到的消耗臭氧层物质主要包括:氯氟碳化物、聚四氟乙烯(俗称哈龙)、四氯化碳、甲基氯仿、溴甲烷以及某些部分取代的氯氟烃。

目前知道的消耗臭氧层物质绝大部分都是CH_4或C_2H_6的衍生物,即CH_4或C_2H_6中的一个或多个氢原子被卤素原子氯(Cl)、氟(F)、溴(Br)和碘(I)等取代而生成的新的化合物。如果其中的全部氢原子都被取代,则表明这些气体已全部卤化了,如 $CFCl_3$(F-11)、CF_2Cl_2(F-12)等,如果被取代的只是部分氢原子,那么这种气体就称为部分卤化,如 CHF_2Cl_2(F-22)等。卤素取代氢后生成的含卤素原子的新的化合物通常被称为卤代烃。正是由于卤素原子全部或部分地取代了氢原子,才使得这些气体具有了化学惰性。

卤素元素 Cl、F、Br 和 I 等可能以多种方式结合在烃类的分子结构中,因此可以形成多种卤代烃。其中目前得到广泛应用的(因而在大气中的浓度也是较高的)是氯代烃,其次是氟代烃、溴代烃等。氯原子与甲烷(CH_4)结合可以产生 4 种基本化合物,即氯甲烷(CH_3Cl),二氯甲烷(CH_2Cl_2),氯仿($CHCl_3$)和四氯化碳(CCl_4)。当甲烷及其氯代物再与氟结合时,可以生成 13 种甲烷衍生物,统称为氟氯甲烷(CFM),例如工业上常用的 F-11($CFCl_3$)、F-12(F_2Cl_2)、F-21($CHFCl_2$)和 F-22(CHF_2Cl_2)等等。如果有溴和碘取代时这种卤代烃的种类就更多了。通常把只含氯、氟和碳的氟氯甲烷称为氯氟碳化物或氯氟烃并用英文名称的字头 CFCs 来表示。

另一类卤代烃是氯和氟的取代乙烷,其种类在 50 个以上,包括有重要工业用途的甲基氯仿(CH_3Cl_3)、二氯乙烷(CH_2ClCH_2Cl)、三氯三氟乙烷($C_2F_3Cl_3$)和四氟二氯乙烷($C_2F_4Cl_2$)等,如再考虑溴和碘的取代乙烷,这类化合物的数量会更大。

第三类卤代烃是取代乙烯类,其中主要是氯代乙烯类,如氯乙烯($C_2H_3Cl_3$)和二氯乙烷($C_2H_2Cl_2$)、三氯乙烯(C_2HCl_3)和全氯乙烯(C_2Cl_4)等。

消耗臭氧的卤代烃通常不使用其化学名称,而直接用其商品名加上相应的代码来称呼,这主要是为了在使用中避免冗长的化学名称而采用的。例如美国杜邦公司曾首先将氯氟烃的商品名称为氟利昂(Freon),其后加上表示不同化学组成的代码,如 Freon11(简写为 F-11)、Freon12(简写为 F-12)等等。进入 20 世纪 50 年代之后,随着卤代烃工业应用的普及,世界很多国家都开始生产卤代烃化合物并都用自己的商标和牌号,这为这些化合物的生产和使用造成了混乱。为此,美国采暖、制冷、空调工程师协会(ASHRAE)统一了这些化合物的符号和编码原则。这一原则后来被国际标准组织(ISO)认可,并在全世界通行。目前国际科技界在正式的会议文件和科技文献中均使用统一的氯氟烃符号和代码。其中:

全氯氟烃(或简称氯氟烃,或氯氟碳化物)取英文名称 Chlorofluorocarbons 的字头 CFCs 表示;含有氢的卤代烃(亦称含氢的氯氟烃或卤代氯氟烷)取英文名称 Hydrogen containing chlorofluorocarbon 的字头 HCFC 表示;含氢氟烃取英文 Hydrofluorocarbon 字头 HFC 表示;全氟烃取英文 Perfluorocarbon 字头 FC 表示等。

氯氟烃符号后面的代码编制原则是:代码由 3 位数组成,个位数表示分子中氟原子的个数,10 位数表示分子中氢原子的个数加 1,百位数则表示分子中碳原子的个数减 1,百位数为 0 者可只用两位数表示,如三氯氟甲烷($CFCl_3$)表示为 CFC-11 等。

乙烷类的氯氟烃,由于氯、氟原子取代位置的不同可以有几个同分异构体,通常是在代码的后面加上一个下标 a、b、c…等。例如,二氯一氟乙烷有三个同分异构体,其代码和下标如下所示。

表 6.1　氯氟烷异构体下标表示实例

化学式	CH_3CFCl_2		CH_2FCHCl_2		$CH_2ClCHFCl$	
取代原子量之和	3	90	72	21	37.5	55.5
差值	87		51		18	
代码与下标	141b		141a		141	

含溴氯氟烃的命名是由美国国家防火协会提出的,现已被各国采用。它的编码方式是按化合物中碳、氟、氯、溴、碘等卤素元素的次序排成 5 位数,如无碘则用 4 位数表示,前面冠以 Halon。如二氟-氯-溴甲烷($CF2ClBr$)的代号为 Halon1211。

由上所述可见,人类排放到大气中的消耗臭氧层物质很多,这些物质由于其结构和理化特性的不同,其消耗臭氧的能力也有很大差别,通常利用臭氧消耗潜能(即 Ozone Depletion Potintial,简称 ODP)来评价它们的这种能力,ODP 是特定的某种气体在大气平流层中消耗臭氧能力的量度。为便于比较和计算,一般以 CFC-11 为基准比较物,并设定其 ODP 值为 1,其他物质的 ODP 值按其耗损臭氧的能力用比 1 大或小的分数值表示。

通过研究,科学家们认为,到目前为止,人类排放的 ODS 物质种类很多,但其中应当受到控制的主要 ODS 物质及其 ODP 值见附录 2。

应当指出,臭氧层消耗物质对臭氧层的破坏过程发生在平流层中,它们对臭氧层的破坏不仅仅依赖于它们的臭氧消耗潜能(ODP),还依赖于它们在大气中的浓度和在大气中的滞留时间。几乎全部 ODS 物质都是在近地面被释放到大气中去的,在由低层大气向高空扩散和输送时,一些全氯氟烃不发生变化,可直接被输送到平流层中,在那里参与消耗臭氧的催化过程,而另一些 ODS 物质,如 HCFC 类物质在对流层容易和大气中的 HO 自由基等发生分解反应,因此它们在大气中的寿命相对较短,在平流层中的浓度较低,其破坏臭氧的实际能力也就相对较小。

消耗臭氧层物质的理化特性和应用领域

从应用和对大气臭氧耗损来讲,人们最关心的 ODS 物质是 CFC 类、哈龙类以及少数 HCFC 类,这些化合物都是甲烷或乙烷的衍生物。由卤素元素取代而生成的衍生物,其理化性质与原先的烃类会有很大差别,并且随着碳、氯、氟原子数目的不同而不同,尤其是由于氟原子的引入,使所生成的化合物具有了某些独特的性质。下面对当前人们最关心的几种 CFC、HCFC 和哈龙的某些物化性质予以介绍。

(1)沸点　通常氯原子的引入,会使 CFC 和 HCFC 等化合物的临界温度和沸点均会上升,而氟原子数目的增加则会使其临界温度和沸点下降,对于常用的 CFC-11,CFC-12 和 CFC-13 等甲烷衍生物而言,每增加 1 个氯原子(也即减少 1 个氟原子),沸点增加约 50℃左右。对于 CFC-112,CFC-113,CFC-114 和 CFC-115 等乙烷衍生物,每增加 1 个氯原子,其沸点约增加 43℃左右。表 6.2 给出当前最常用的几种 CFC、HCFC 和哈龙等 ODS 物质的沸点。可以发现,这些物质的沸点均较低。

表 6.2　某些 ODS 物质的沸点(℃,1 个大气压)

品种	化学名称	化学式	代码	沸点℃
CFC	三氯一氟甲烷	CCl_3F	CFC-11	23.82
	二氯二氟甲烷	CCl_2F_2	CFC-12	-29.79
	一氯三氟甲烷	$CClF_3$	CFC-13	-81.44
	四氯二氟乙烷	CCl_2FCCl_2F	CFC-112	92.80
	三氯三氟乙烷	CCl_2FCClF_2	CFC-113	47.57
	二氯四氟乙烷	$CClF_2CClF_2$	CFC-114	3.61
	一氯五氟乙烷	$CClF_2CF_3$	CFC-115	-39.11
含氢氯氟烃 HCFC	一氯二氟甲烷	$CHClF_2$	HCFC-22	-40.76
	二氯三氟乙烷	$CHClFCClF_2$	HCFC-123	27.61
	一氯四氟乙烷	CHF_2CClF_2	HCFC-124	-12.00
	三氯一氟乙烷	CH_3Cl_2F	HCFC-141b	32.00
	一氯三氟乙烷	CH_2ClCF_3	HCFC-133	17.00
	一氯二氟乙烷	CH_3CClF_2	HCFC-142b	-9.00
含氢氟烃 HFC	三氟甲烷	CHF_3	HFC-23	-82.06
	五氟乙烷	CHF_2CF_3	HFC-125	-48.50
	1.1-二氟乙烷	CH_3CHF_2	HFC-152a	-25.00
	1.1.1-2-四氟乙烷	CH_2FCF_3	HFC-134a	-26.50
哈龙	哈龙 1301	CF_3Br	Halon-1301	-57.80
	哈龙 1211	CF_2ClBr	Halon-1211	-3.40
	哈龙 2402	CF_2BrCF_2Br	Halon-2402	-47.30

(2)稳定性　一般 CFCs 均具有良好的热稳定性和化学稳定性,例如 CFC-12 在石英管中 500℃时仍不会分解,CFC-11 在 450℃时才开始分解。CFCs 还具有良好的化学稳定性,例如,在低于 200℃时,CFC-12 不会与金属反应,但在特殊情况下,例如与熔

融状态的碱金属、熔融状态的金属铝等接触会发生激烈的反应。此外,锌、镁、铝等金属在极性溶剂中会促使乙烷类CFCs分解。含氢的氯氟烃稳定性稍差,例如,HCFC-22在290℃时就开始分解。大部分的CFCs对水解也是稳定的,氯原子越少,化合物的稳定性越高,CFC-12的水解高于CFC-11和HCFC-22。

(3)可燃性 氯氟烃的可燃性主要取决于其含氢量的多少,含氢量越高,其可燃性越大,所以HCFC类物质可燃性相对大,而CFCs类物质由于不含氢,一般是不可燃的。

(4)毒性 氯氟烃的毒性一般与分子中的氯原子数量有关,氯原子数量越少,化合物的毒性越小,因此,完全的氟代烷烃基本上是无毒的。在常用的氯氟烃中,毒性较大的有四氯化碳(CCl_4),甲基氯仿(CH_3CCl_3),二氯二氟乙烷($CHClFCClF_2$)等,它们在工作场合的允许暴露浓度分别为5 ppm[①],125 ppm和10 ppm。其余氯氟烃在工作场合的允许暴露浓度均在500 ppm以上。

人们非常关心消耗臭氧物质的应用,因为这种应用决定着这些物质的生产和消费,决定着它们在大气中的实际浓度及其变化,进而决定着对臭氧层的破坏程度。下面介绍主要ODS物质的应用领域和行业。

(1)氯氟碳化物或氯氟烃(CFCs)

CFCs作为一种新的化工产品,自20世纪30年代问世以来,得到了日益广泛的应用。这主要是因为这些物质具有化学惰性和热稳定性,具有不可燃性、低毒性、无腐蚀性、沸点低以及气液相易转变等物理、化学性质并且无色无味,同时CFCs类物质与一般的碳氢类油脂可以相互混溶,其表面张力和黏度也都很低,运输也很方便等。正因为此,CFCs的应用涉及到了国民经济的很多领域并已进入千家万户。例如,航空航天、机械电子、医药卫生、石油及日用化工、建筑、食品加工、商业服务等等行业。

---

① ppm=10^{-6}

目前,全世界的 CFCs 的生产和消费在各种 ODS 物质中居首位,年消费量约为 150 万吨,其中 70% 以上为 CFC-11 和 CFC-12。

CFCs 物质在众多行业中,主要是作为制冷剂、发泡剂、驱雾剂以及清洗剂等而得到应用的。

制冷剂 CFCs 物质首先作为制冷剂进入了工业和商业领域,在此之前,氯甲烷、二氧化硫、氨等曾是工业和商用的主要制冷剂。目前,除了大型的工业制冷装置、大型冷库等少数情况下继续使用氨作为制冷剂外,其他几乎所有制冷装置都使用 CFC 作为制冷剂,其中主要是 CFC-11 和 CFC-12,作为制冷剂,个别情况下也用 HCFC-22 等。

发泡剂 目前,用 CFC 发泡的泡沫塑料有聚氨脂泡沫(软质和硬质)(用 CFC-11)、聚苯乙烯和聚烯烃泡沫(用 CFC-12)等,这些泡沫塑料用于家具、包装材料、隔热材料以及食品盒等方面。

驱雾剂 CFC-11 和 CFC-12 目前已广泛用作气溶胶产品的驱雾剂。气溶胶产品门类很多,在我国虽然起步较晚,但发展十分迅猛,市场十分大。它的应用已涉及到个人日常用品、家庭用品、除虫用品、医药用品、工业用品以及其他用品等,人们日常生活中用的喷发胶、摩丝、空气清新剂、灭蚊杀虫剂、洗涤剂等等都属于这种产品。

清洗溶剂 电子行业中用于电子器件清洗的清洗溶剂主要是 CFC-113 和甲基氯仿等,由于它无毒和良好的溶解油脂和污垢的能力,因此,它比原来广泛使用的四氯化碳类清洗剂更受欢迎。这种清洗剂也用于精密光学仪器和精密机械零件的清洗。据统计,我国目前消耗这种清洗剂的大、中、小型企业已达 3000 多家。

(2)哈龙

哈龙作为 20 世纪 50 年代开发的高效灭火剂而被广泛应用。目前应用最多的是甲烷衍生物 Halon-1211(氯溴二氟甲烷,CF_2BrCl)、Halon-1301(溴三氟甲烷,CF_3Br)和乙烷衍生物 Halon-2402(二溴四氟乙烷,$C_2F_4Br_2$)。哈龙的灭火原理与一般常用灭火剂降温、隔绝氧气的原理有根本的不同,哈龙灭火剂能在高热中分解产生活性游离基 Br,后者参与物质在燃烧过程中的化学反应并能使链反应中断,从而达到灭火的效果。

(3)溴甲烷

溴甲烷主要用作杀虫剂,因此在农业方面得到了广泛应用,包括用以土壤、种子、产品等的杀虫灭菌。在国际贸易出入境检疫处理方面用于检验植物产品的菌疫。不仅如此,它还用于对各类建筑物、仓库、船舱、车辆等的杀虫灭菌。

消耗臭氧层物质的替代物

据不完全统计,在全球每年排放约 150 万吨的 ODS 物质中,排放量居首位的是甲基-三氯甲烷(约占总排放量的 33.7%),之后,依次为 CFC-12(约占 26%),CFC-11(约占 20%),CFC-113(约占 9.8%),HCFC-22(约占 5.1%),四氯化碳(约占 4.7%)以及 Halon-1301, Halon-1211,CFC114,CFC115(总约占 0.7%)等。按照这些物质在大气中的寿命和实际浓度以及其臭氧消耗潜能可以估计它们对臭氧的破坏效果。结果显示,ODS 物质中,对臭氧的破坏效果依次为 CFC-12, CFC-11,CFC-113,四氯化碳,甲基-三氯甲烷,Halon−1301, Halon-1211, HCFC-22 等。

根据科学家们目前对大气臭氧层耗损的认识,为防止大气臭氧层的破坏,必须减少主要 ODS 物质的排放,但是这会涉及到 ODS 生产、应用的各个领域,会造成很大的经济和社会问题。为此,科学家们提出了对一些主要 ODS 物质的替代问题,即谋求一种替代物或替代方案来替代或不使用消耗臭氧层物质。这里说的替代有两层含意,其一是寻求一种性质和功能相同或相近的物质来完全代替现用的某些 ODS 物质,其二是改变相应的生产工艺和装置等,使得在达到同样生产目的的情况下不再使用或很少使用 ODS 物质。显然,无论哪一种都不是一件容易的工作。

首先,理想的 ODS 替代物应满足下述条件:

较好的化学和热稳定性,不腐蚀金属,不与润滑油及其他高分子化合物发生反应,与润滑油有较好的亲和性等。

其物理性质应与目前 ODS 物质,尤其是 CFCs 使用的设备相匹配,例如低的沸点温度、低的粘度和表面张力、低的凝固点等等。

替代物的 ODP 应越低越好,同时不会产生明显的气候增温效应,即应有小的全球增温潜能(GWP)。

替代物的生产和使用应安全,难燃或不燃,无毒,价格低廉。

科学家们在寻求 ODS 物质替代物方面已做了大量的工作并取得了明显的效果。但是,应当指出,迄今为止还没有找到一种物质能够完全达到理想替代物的标准。下面介绍几种目前可以考虑的 ODS 替代物,应当指出,目前所推荐使用的 ODS 替代物中都还存在这样或那样的问题,其中绝大部分属于过渡性的替代产品。

用 HFC-134a 替代 CFC-12

HFC-134a 的基本物理、化学性质与 CFC-12 相近,ODP 为零,毒性很小,可作为制冷剂替代 CFC-12 用于汽车空调和家用冰箱行业。但它与现用的润滑油亲和力以及与材料的兼容性等方面不同于 CFC-12,同时使用 HFC-134a 会使设备的能耗增加。不仅如此,它的增温潜能(GWP)比 CO_2 高出 1300 倍,可见它不是一种理想的替代物。

用 HFC-152a 替代 CFC-12

HFC-152a 与 CFC-12 的物化性质相近,其 ODP 为零,而且有较长时间的生产历史和较成熟的生产工艺,但它在空气中的浓度达到 4.8%~6.8%时具有可燃性,因此不能单独作为制冷剂应用。它可以与其它物质混合,组成非共沸混合物来替代 CFC-12.

继续使用 HCFC-22

HCFC-22 作为制冷剂已有几十年的应用历史,主要用于各种制冷机与空调装置中。它的 ODP 约为 0.055,即为 CFC-11 的 5.5%。HCFC-22 已属于明确被淘汰 ODS 产品,但在未找到合适替代物之前,仍建议作过渡性替代产品继续使用,以便减小使用其他高 ODP 物质。

用 HCFC-141b 替代 CFC-11

HCFC-141b 的物化性质与 CFC-11 接近。目前用于聚氨脂发泡剂和电子器件清洗剂。当空气中浓度达到 7%～16% 时可燃烧。当前,它可作为发泡剂来替代 CFC-11。但 HCFC-141b 也是一种 ODS 物质,其 ODP 值约为 0.11,因此,它也是一种过渡性的替代物质。

用 HCFC-123 替代 CFC-11

HCFC-123 的物化性质与 CFC-11 接近,可在离心式冷水机组中作为 CFC-11 的替代物。但由于它的毒性尚未最后确定,而且也是一种 ODS 物质(其 ODP 为 0.02),因此也是一种过渡性的替代物。

另外,欧洲有些国家选择环戊烷作为发泡剂来替代 CFC-11,异丁烷或丙烷与异丁烷的混合物作为制冷剂来替代 CFC-12。这些物质虽然其 ODP 为零,不属 ODS 物质,但它们的某些物化性质(如可燃性,导热性等)妨碍了它们的应用。此外,科学家们还研制出数十种非共沸(或近共沸)混合物作为制冷剂来替代 CFC。例如冰箱和冰柜中的制冷剂可使用 R401A(简称 MP39,是 HCFC-22,HFC-152a 和 HCFC-124 的混合物),R401B(简称 MP66,是 HCFC-22,HFC-152a 和 HCFC-124 的混合物),R406A(简称 GHG,是 HCFC-22,HC-600a 和 HCFC-142b 的混合物),FRIGCFR12(是 HCFC-124,HFC-134a 和 HC-600a 的混合物)等等作为制冷剂。但这些混合物大多含有 HCFC,所以仍属过渡性替代物。

保护大气臭氧层行动

全球保护大气臭氧层行动

从发现臭氧,认识到大气臭氧层对地球上生物的保护作用,到发现全球性的大气臭氧层耗损和南极臭氧洞出现,人类经历了一个半世纪的漫长岁月。在此期间,科学家们前仆后继,为认识大气臭氧层付出了巨大努力。附录1给出了大气臭氧历史中的一些重要事件。

当前,面对自己酿成的苦果和臭氧耗损的报复行为,人类似乎已经觉悟到,必须采取坚决措施强行约束自己的行为,以保护大气臭氧层这个人类和地球生态系统的天然屏障。人类保护大气臭氧层的行动最早可追溯到20世纪70年代初。

1974年间,两份科学论文提出排入大气层的氯氟碳化物将进入大气层的上层部分,并在其分解后释放出氯原子,这些氯原子所产生的催化作用将破坏臭氧分子。这两份科学论文还进一步提出,超音速飞机高速飞行过程中所释放的氮化物亦为臭氧消耗的潜在原因。从那时起,人们逐渐意识到人类活动可能会导致臭氧层破坏并导致全球环境问题。

1977年3月,有32个国家参与了由联合国环境规划署(UNEP)在美国华盛顿召开的旨在促进开展臭氧研究活动的"评价整个臭氧层国际会议",并通过了第一个《关于臭氧层行动的世界计划》,环境规划署还设立了专门的臭氧层问题协调委员会,从此拉开了全球保护臭氧层行动的序幕。

1980年间,7个发达国家和欧洲共同体呼吁缔结一项旨在保护臭氧层的国际公约。欧洲共同体宣布冻结氯氟碳化物的生产,并开始限制其在气溶胶方面的用途。美国环境保护局建议首先对氟氯化碳的非气溶胶用途实行法律管制。

《保护臭氧层维也纳公约》(以下简称《公约》)。《公约》于1985年4月在维也纳签署,两个月之后,英国南极调查团发表了一份论文,表明南极洲上空按季度出现臭氧含量急剧降低的现象——即臭氧"空洞"。目前已有166个缔约方,中国政府于1989年9月加入公约。《公约》明确指出大气臭氧层耗损对人类健康和环境可能造成的危害,呼吁各国政府采取合作行动,保护臭氧层,并首次提出氟氯烃类物质作为被监控的化学品。

《关于消耗臭氧层物质的蒙特利尔议定书》(以下简称《议定书》)。《议定书》于1987年9月在加拿大蒙特利尔召开的"保护臭氧层关于氯氟烃议定书全权代表大会"上通过,并于1989年正式生效。《议定书》对充当破坏大气臭氧层元凶的氟氯烃类物质的生产、使用、贸易和控制时间表做出了具体规定。此项《议定书》规定到本世纪末时最终将减少5种氟氯化碳消费量的50%,并冻结3种哈龙的消费量,但各发展中国家将享有一个为期10年的宽限期,以便使它们得以满足国内的基本需要。

《保护臭氧层赫尔辛基宣言》(以下简称《宣言》)。《宣言》于1989年5月在赫尔辛基缔约国第一次会议上通过,《宣言》对《议定书》的内容进行了调整,呼吁加强替代产品和技术的开发,提出最迟于2000年前取消氟氯烃类物质的生产和使用。

《关于消耗臭氧层物质的蒙特利尔议定书修正案》(以下简称《修正案》)。于1990年6月在伦敦缔约国第二次会议上通过,修正案扩大了对消耗臭氧层物质的控制范围,提前了控制时间并决定建立保护臭氧层临时多边基金。我国政府1991年6月加入的正是这一修正案。

1992年间,《蒙特利尔议定书》各缔约国在其于哥本哈根举行的缔约国第四次会议上议定,应加速逐步停用现已在控制之下的物质的时间表,并规定各发达国家着手对氯氟烃、氟溴烃和四基溴等物质实行控制。若干发达国家采取了旨在加速其逐步停用控制物质时间表的措施。同时,保护臭氧层多边基金正式设立。

1995年间,在维也纳举办了庆祝《维也纳公约》签署10周年的纪念活动。据《蒙特利尔议定书》各评估小组的报告,绝大多数发达国家的逐步停用工作进展顺利,且各发展中国家亦正在取得进展,尽管在某些发展中国家内控制物质的消费量正在增加。《议定书》各缔约国在维也纳会议上议定各发达国家对氟氯烃和四基溴采用更为严厉的逐步停用时间表,并就发展中国家逐步停用所有控制物质的时间表达成了一致意见,同时还审议了某些经济过渡体国家可能不遵守《议定书》规定的事情。欧洲联盟已完全停用使用氟氯化碳。

"9.16国际保护臭氧层日"。自1995年起,每年9月16日为国际保护臭氧层日,以提高人们保护大气臭氧层的意识和采取有效保护臭氧层的措施。

1996年间,发达国家业已全部停用氟氯化碳、四氯化碳和四基氯仿,并且所有国家皆已全部停用氟氯烃。《议定书》缔约国会议讨论并通过了为多边基金提供补充资金,扩大贸易限制范围(以便将四基溴包括在内),以及有关氯氟碳化物非法贸易等诸方面的议题。

1997年间,在蒙特利尔市举办《议定书》签署10周年纪念活动。《议定书》缔约国会议审查了对甲基溴实行的控制措施。

1999年,第十一次《议定书》缔约方大会在北京召开,来自全世界各地的213个国家、地区和国际组织的1000多位代表参加了会议,会议通过了关于重申保护臭氧层承诺的《北京宣言》。

2010年间,将在发达国家中全部停用甲基溴,并在发展中国家全部停用氟氯化碳、哈龙和四氯化碳。

可见,人类为挽救大气臭氧层已经和正在付出巨大的努力,虽然为时已晚,但仍不失为"亡羊补牢"之举。

蒙特利尔议定书和ODS控制

在全世界进行的保护臭氧层行动和人类新采取的各项保护臭

氧层措施中,最值得一提的是《关于消耗臭氧层物质的蒙特利尔议定书》(以下简称《议定书》),这是一个经过若干年谈判、协商于 1987 年由 46 个国家通过的控制 ODS 物质的议定书。议定书于 1989 年正式生效。之后,议定书经过多次重要补充和修改,最后形成了《关于消耗臭氧层物质蒙特利尔议定书修正案》并于 1990 年通过。中国政府于 1991 年 6 月加入议定书修正案,目前已有 165 个缔约方。

由于人们逐渐认识到大气臭氧层破坏是一个全球性的环境问题,臭氧层破坏可能会对人类健康和生态环境带来严重危害,因此自 1985 年《保护臭氧层维也纳公约》签署和南极臭氧洞相继报导之后,保护臭氧层的呼声日渐高涨。联合国环境规划署(UNEP),经过多次协商和周密准备于 1987 年 9 月在加拿大的蒙特利尔市召开了"保护臭氧层公约关于含氯氟烃议定书主权代表大会"。当时出席会议的有 36 个国家和 10 个国际组织的 140 位代表和观察员,其中来自亚洲、非洲和拉丁美洲的发展中国家有 14 个。会议最后通过了对保护臭氧层产生重要影响的《关于消耗臭氧层物质的蒙特利尔议定书》,并于 1989 年 1 月生效。中国政府也派代表参加了会议,但中国政府认为这个《议定书》没有体现出发达国家是排放 CFCs 造成臭氧层破坏的责任者和"谁排放,谁负责治理"的精神,因此当时没有签署这个议定书,而是于 1991 年加入了经过调整和修改的议定书修正案。

蒙特利尔议定书规定控制的 ODS 物质有两类共 8 种。它们是:第一类为 5 种 CFCs 类,即 CFC-11,CFC-12,CFC-113,CFC-114 和 CFC-115。第二类为 3 种 Halon 类物质,即 Halon-1211,Halon-1301 和 Halon-2402。控制的内容包括受控物质的生产量和消费量,控制的限额基准对发达国家是 1986 年实际发生的数额,对发展中国家为 1995~1997 年实际发生数的 3 年平均值。《议定书》还规定了受控物质的控制时间表,即对于受控 CFCs 类,发达国家的消费量自 1989 年 7 月 1 日起,生产量自 1990 年 7 月 1 日起,每年不得超过上述限额基准,自1993年7月1日起,每年不得超过限额基准的80%,自1998年7月1日起,每年不得超过限额基准的50%。对于哈龙类受控物质,其消费量和生产量自1992年1月1日起每年不得超过限额基准。发展中国家的控制时间表比发达国家相应推迟10年。

蒙特利尔议定书的签署在全世界引起了各国政府和科学家们的广泛关注,使得全球保护臭氧层行动走向了一个新的阶段。但是不久就发现,按照《议定书》的控制措施,到2050年,大气中氯和溴的浓度仍将继续增加1倍以上,同时发现,发展中国家缺乏技术和资金来实施对《议定书》的承诺。因此,在随后的赫尔辛基会议上(缔约国第一次会议)和伦敦会议上(缔约国第二次会议)对《议定书》进行了调整和修正。修正的主要内容包括:

扩大了对ODS物质的控制范围,除原来的5种CFCs和3种Halon外,增加了控制其他CFCs、四氯化碳和甲基氯仿,使受控物质总数达到5类20种,并列出了34种HCFC类物质作为过渡性物质(见附录2)。

提前了控制时间,发达国家完全停止消费受控物质的时间为2000年1月1日(甲基氯仿可延至2005年),发展中国家可暂缓10年执行控制措施,但这些国家的CFC、四氯化碳和甲基氯仿等物质的人均年消费量不得超过0.2 kg。

此外,修正案还包括建立相应的基金机制以保证技术转让在最有利的条件下进行。1992年在哥本哈根召开了《议定书》缔约国第四次会议,对受控ODS物质的淘汰时间又作了进一步的修正,其中包括:

CFCs:1994年减少75%,1996年全部停止使用;
Halon类:1994年停止使用(必要用途除外);
四氯化碳:1994年减少85%,1996年全部停止使用;
甲基氯仿:1994年减少50%,1996年全部停止使用;
含氢氯氟烃(HCFC):2005年减少35%,2010年减少65%,

2030年停止使用；

含氢溴氟烃:1996年停止使用；

甲基溴:1995年冻结在1991年使用水平上。

在随后(1995年)的维也纳缔约国第七次会议上,对受控ODS物质的限控时间又再次作了进一步修正。对于发达国家,修正具体为：

HCFC:2020年基本停止使用,2030年全部停止使用；

甲基溴:1995年冻结在1991年的使用水平上,2001年减少25%,2005年减少50%,2010年全部停止使用；

对于发展中国家,限控时间修正为：

CFCs,Halon等5类20种ODS物质于2010年全部停止使用；

HCFC类ODS物质于2016年冻结在2015年的消费水平上,2040年全部停止使用；

甲基溴于2001年冻结在1995～1998年的平均消费水平上。

由此可见,按照《议定书》及其后来的修正规定,对于主要ODS物质和大气中长寿命的ODS物质,如CFCs,Halon和四氯化碳等,发达国家已于1996年全部停止使用,发展中国家也最迟将于2010年全部停止使用,从而为保护大气臭氧层迈出了实质性的一步。《议定书》还规定从1990年起,每四年,各缔约国应根据获得的科学、环境、技术和经济资料,对受控ODS物质规定的控制措施执行情况进行一次评估。

保护大气臭氧层的近期目标

保护大气臭氧层行动的最终目标就是在全世界范围内全面停止ODS物质的生产和使用,使大气中,尤其是平流层中的卤代烃化合物浓度下降到预定的阈值以下,从而解除对大气臭氧层的威胁。

大气中主要ODS物质的实际浓度一直是人们所关心的问题,尤其是对CFCs浓度更为关注,因为它直接关系到大气中氯浓度的变化。观测表明,就全球平均而言,大气中CFCs的浓度自20世纪50年代至70年代一直呈指数增加,平均年增长率约为10%。进入80年代,大气中CFCs浓度的增长有所放慢,但CFC-11、CFC-12的年增长速率仍然超过5%。1987年的观测资料显示,北半球中纬度上空CFC-11、CFC-12、甲基氯仿和四氯化碳等年排放量最大的4种主要ODS物质的浓度分别的为260 ppt,440 ppt,210 ppt和175 ppt(ppt为体积混合比,1 ppt$=10^{-12}$),进入20世纪90年代以来,大气中CFCs浓度的增长速率明显下降,其中有的CFCs浓度已经开始下降。CFC-11和CFC-12的浓度的增长速率也降到了1%以内,但这仍是一个很高的增长速率。

根据CFCs的排放数据,可以估计出今后各主要CFCs物质在大气中浓度的变化情况。图6.1和图6.2分别给出了在4种排放情况下模式计算得到的CFC-11和CFC-12在大气中浓度变化的预测值。

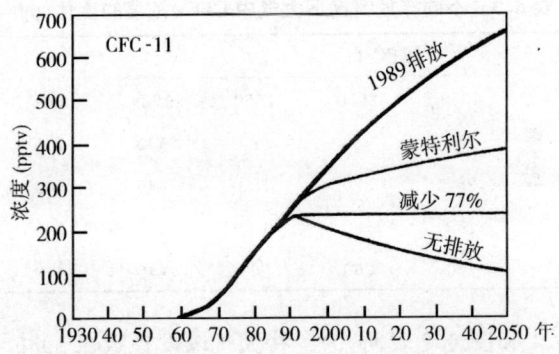

图6.1　大气中CFC-11浓度变化预测

对大气中CFC-11和CFC-12浓度的变化计算是按下述4种排放情况进行的,其一是以1989年的排放水平稳定排放,即图中1989年排放线(情景1),其二是按蒙特利尔协议书的规定排放,即图中蒙特利尔线(情景2),其三是停止排放,即图中无排放线(情景3),其四是将其大气浓度稳定在1989年水平上而进行必要的减少排放,即图中减少77%线和减少85%线(情景4)。

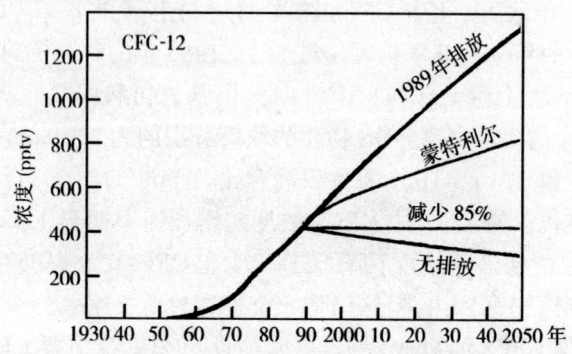

图6.2 大气中CFC-12浓度变化预测

图6.1和6.2显示,不同排放情况会使这两种气体在大气中的浓度变化有明显的差别。这些变化的具体数值由表6.3给出。

表6.3 不同排放情况下大气中CFCs浓度的变化(ppt)

排放物质	CFC-11			CFC-12		
年份	1989	2010	2050	1989	2010	2050
情景1	260	430	680	440	770	1340
情景2	260	320	390	440	600	830
情景3	260	180	100	440	380	280
情景4	260	260	260	440	440	440

图6.1和图6.2表明,为了将大气浓度稳定在1989年的水平上,CFC-11的排放需要减少到1989年的77%,而CFC-12的排放需要减少到1989年的85%。这些百分数是维持排放量和失去量之间的平衡所必需的。可见,为稳定浓度而假定的排放速率降低对不同的CFC物质是不同的,它依赖于气体当前的大气浓度、排放速率和在大气中的寿命。考虑到对绝大多数ODS物质而言,其大气浓度离平衡状态相差还很远,其浓度还处在上升阶段,因此,全面执行蒙特利尔《议定书》,严格控制受控ODS物质的排放是非常

必要的。即便是如此，一些重要的ODS物质在大气中的浓度要恢复到20世纪70年代的水平也需要50年左右的时间。

保护大气臭氧层人人有责

全球范围内大气臭氧层的耗损和南极臭氧空洞的出现是大自然报复行动给人类亮出的一张黄牌，我国政府非常关心保护大气臭氧层这一全球性重大环境问题。我国作为发展中国家，严格执行《议定书》的规定，控制受控ODS物质的排放，已于1999年7月1日冻结氟氯化碳的生产，将于2010年前全部停止生产和使用《议定书》规定的5类20种消耗臭氧层物质。那么，面临大气臭氧层的被破坏和对人类生存可能造成的威胁，除了政府部门采取必要的政府行为和科学家们加强相应的研究工作之外，作为在大气臭氧层这把保护伞下生活着的平民百姓应该做些什么呢？科学家们建议，首先应当增强民众保护大气臭氧层的意识，使每一个人都意识到当前拯救大气臭氧层已刻不容缓，我们只有一个地球，拯救臭氧层就是拯救我们自己。行动起来，积极参与联合国和我国政府部门组织的一系列旨在保护大气臭氧层的宣传、科普、学术等活动，参与就是贡献，这也是联合国规定每年9月16日为国际保护臭氧层日的初衷。其次，是在你的生活中应尽量不使用消耗臭氧层的物质，如不使用含氟冰箱，不使用哈龙灭火器（1301,1211灭火器），不使用四氯化碳做清洗剂等，为减少大气中消耗臭氧层物质的含量做贡献。工作在消耗臭氧层物质生产和消费行业的职工应积极配合政府履行《议定书》的规定，按计划实施消耗臭氧层物质逐步淘汰国家方案。积极参与臭氧层保护技术和受控物质替代技术的开发研究等。在当前大气臭氧层处于被耗损的情况下，由于入射到地球表面的太阳紫外辐射一般也会相应增加，因此，科学家们还建议从事户外生活和生产活动（如野外作业，旅游等）的人们，尤其是在高山和海滨地区从事户外活动的人们，应当采取有效措施以保护自己免受过量太阳紫外辐射的照射，避免自身健康受到损害。

中国保护臭氧层行动方案

中国消耗臭氧层物质的生产和消费

中国是发展中国家中 ODS 最大的生产国和消费国,中国正处在经济转轨和快速发展阶段,因此 ODS 物质的生产和消费结构状况复杂且多变。下面仅根据中国消耗臭氧层物质逐步淘汰国家方案中提供的数据(1992 年)按行业部门对 ODS 物质的生产和消费作一简单介绍:

CFCs 生产行业

中国有近 40 家 CFCs 生产企业,总生产能力约为 4.7 万吨。其中规模较大的企业有 12 家,它们的总生产能力约 2.6 万吨;实际生产量约为 1.6 万吨,占消费市场需求量的 40%。小规模的集体企业数目较多,它们的生产能力约为每年 2.1 万吨,实际生产量约 0.9 万吨,约占消费需求量的 20%。由此可见,中国 CFCs 的生产能力还未完全发挥,还不能完全满足国内市场的需求量。因此,每年要从国外(主要是日本、美国和法国等)进口 CFCs 产品约 1.5 万吨。

泡沫行业

泡沫行业主要用 CFCs 物质作发泡剂,其产品有三种,即聚氨酯软质泡沫材料,聚烯烃挤出发泡材料和聚氨酯硬质泡沫材料。中国生产聚氨酯软质泡沫材料的企业约有 30~40 家,生产线多从德国、英国、意大利、挪威等国引进。生产量约为每年 5 万吨,约消耗 CFC-11 2000 吨。中国生产聚烯烃挤出发泡材料的厂家约 30 家,其生产线多从日本、意大利、英国等引进,年生产量约为 1.3 万吨,消耗 CFC-12 约 2173 吨。中国生产聚氨酯硬发泡板材、管道保温材料等产品的厂家约有 110 家,作为发泡剂、冷库板材以及管道保温材料等生产每年约消耗 CFC-11 达 13600 吨。

工业商业制冷行业

中国现有工业商业用制冷和空调企业近 300 家,其中直接消费 CFCs 物质的企业约 130 家,作为制冷剂,每年消费 CFCs 物质约 11371 吨。

家用制冷行业

家用制冷是目前中国发展最迅速的行业之一,其产品除满足国内需求外,还要满足不断增长的出口量。中国现有冰箱生产线 70 多条,年生产能力为 1200 万台,压缩机生产线 16 条,年生产能力 1600 万台。这些生产线大多是从日本、法国、意大利、新加坡等国引进的。1991 年中国生产冰箱和冷柜共计 570 万台,作为制冷剂消耗 CFCs 物质约 1050 吨。

哈龙行业

中国哈龙 1211 的生产厂家有 30 余家,年生产能力为 6000 吨,哈龙 1301 的年生产能力为 100 吨。全国有灭火器生产厂家约 80 余个,固定灭火系统生产厂家 25 个,加之维修、灌装等业务,年实际哈龙消费量约 4000 吨。中国哈龙的实际生产尚不能满足国内需要,每年大约要有 500～700 吨的哈龙靠从国外进口。

气溶胶行业

中国气溶胶生产企业有 100 余家,多为中小企业,其生产能力一般在 50 万罐/年左右,个别大企业生产能力为 300 万罐/年,有的为 1000 万罐/年。作为气溶胶中的驱雾剂,每年约消耗 CFCs 物质 8600 吨,其中主要是 CFC-12。

电子清洗行业

中国有电子企业 3200 多家,多属中小型企业。这些企业的产品包括:电子材料,电子元件,半导体器件,电真空器件,整机以及一些专用电子设备。根据 1991 年资料,电子清洗行业作为清洗剂每年耗费 ODS 物质总量约为 4947 吨,其中包括进口 300 吨。

循环回收行业

CFCs 物质的回收是指在维修制冷设备时回收 CFCs 制冷剂,

其中包括家用冰箱总计柜维修,汽车空调给修和工业商业制冷设备维修。这些维修站点总数达 52000 多个。

表 6.4 给出了 1991 年中国 ODS 物质的实际生产量和消费量。

表 6.4 中国 ODS 的生产和消费量(1991) 单位:吨

品种	CFC-11	CFC-12	CFC-113	H-1211*	H-1301*	CCl_4	CCl_3CH_3	小计
生产量	3100	21900	800	3500	10	249	737	30296
进口量	13130	1112	2861	500	40	0	300	17943
消费量	16230	23012	3661	4000	50	249	1037	48239
百分数**	33.7	47.7	7.6	8.3	0.1	0.5	2.1	100
ODP 值	1.0	1.0	1.07	4	16	1.08	0.12	
ODP 生产量	3100	21900	856	14000	160	269	88	40373
ODP 消费量	16230	23012	3917	16000	800	269	124	60352
百分数**	26.9	38.1	6.5	26.5	1.3	0.4	0.2	100

* H-1211 指哈龙-1211,H-1301 指哈龙-1301,以下相同。** 单项消费量占总消费量的百分数。

中国目前使用受控 ODS 物质的主要是泡沫、制冷与空调、消防、气溶胶和清洗等 5 个部门。这 5 个部门 1991 年的 ODS 消费量(吨)由表 6.5 给出。可以发现,ODS 物质消费量最大的部门是泡沫行业、消防和制冷空调行业。

表 6.5 中国各部门 ODS 消费量(1991 年) 单位:吨

部门	泡沫	制冷空调	消防	气溶胶	清洗	小计
ODS(t)消费%	17773	12869	4050	8600	4947	48239
	36.8	26.7	8.4	17.8	10.3	100
ODP(t)消费%	17773	12869	16800	8600	4310	60352
	29.4	21.3	27.8	14.3	7.1	100

泡沫行业中,ODS 主要应用于床垫、海绵、聚氨酯管材、冰箱用发泡、绝缘板材等产品和材料的生产。主要消费物质为 CFC-11 和 CFC-12,年消费量约 17773 吨。

制冷空调行业中,家用冰箱、汽车空调、冷冻设备等主要消费

CFC-12 和少量 CFC-11，年消费总量约为 12869 吨。

消防行业中，主要消费 Halon-1211 和 Halon-1301，年消费总量约为 4050 吨。气溶胶行业中，主要消费 CFC-12 来满足医用和非医用应用，年消费量约 8600 吨。

清洗行业中，作为清洗剂主要消费 CFC-113、三氯乙烷和四氯化碳，年消费总量约 4947 吨。

中国目前正处在社会经济高速发展阶段，正在实现整个社会的"小康"迈进，因此，未来 10 年内国民经济还会有较大的发展。但是中国各地经济发展差别很大，各部门、各行业使用 ODS 物质的市场需求和增长速度差别也很大。因此，中国今后对 ODS 物质的消费量主要是根据各部门的发展规划来估计的。表 6.6 是在不受限制条件下对 2010 年前主要 ODS 物质消费量的估计。

表 6.6 中国今后对 ODS 需求量预测（吨）

	1991 年（实际）		1996 年		2000 年		2005 年		2010 年	
	ODS	ODP	ODS	ODP	ODS	ODP	ODS	ODP	ODS	ODP
CFC-11	16230	16230	20904	20904	23896	23896	29278	29278	35495	35495
CFC-12	23012	23012	45910	45910	65055	65055	95855	95855	138492	138492
CFC-113	3661	3917	7420	7939	13794	14760	25865	27676	45580	48771
H-1211	4000	16000	6552	26208	9055	36220	13136	52544	19187	76748
H-1301	50	800	124	1984	227	3632	454	7264	916	14656
CCl4	249	269	532	575	938	1013	1757	1898	3094	3342
CH3CCl3	1037	124	2612	313	3900	468	7311	877	12882	1546
合计	48239	60352	84054	103833	116865	145044	173656	215392	255646	319050
泡沫	17773	17773	22887	22887	26307	26307	32341	32341	39529	39529
制冷	12869	12869	20343	20343	29263	29263	44243	44243	67695	67695
消防	4050	16800	6676	28192	9282	39852	13590	59808	20103	91404
气溶胶	8600	8600	23584	23584	33381	33381	48549	48549	66763	66763
清洗	4947	4310	10564	8827	18632	16241	34933	30451	61556	53659
附件 A-Ⅰ	42903	43159	74234	74753	102745	103711	150998	152809	219567	222758
附件 A-Ⅱ	4050	16800	6676	28192	9282	39852	13590	59808	20103	91404
附件 B-Ⅱ	249	269	532	575	938	1013	1757	1898	3094	3342
附件 B-Ⅲ	1037	124	2612	313	3900	468	7311	877	12882	1546

表中附件 A-Ⅰ,附件 A-Ⅱ,附件 B-Ⅱ,附件 B-Ⅲ 分别表示蒙特利尔议定书中限定的附件 A 第一类(5 种 CFCs)和第二类(3 种 Halon)以及修正案中附件 B 第二类(四氯化碳)和第三类(甲基氯仿)ODS 物质。表 6.6 显示,中国未来对 ODS 物质需求量最大的行业依次是消防,制冷,气溶胶,清洗和泡沫。其中需求量最大的 ODS 物质是附件 A 第一类物质(即 5 种 CFCs)。

中国国家方案的编制和实施

中国政府非常重视保护大气臭氧层这一全人类面临的全球性重大环境问题,已经和正在积极开展多种保护大气臭氧层行动(见附录 3)。中国政府于 1991 年 6 月正式加入 1990 年经修正的《关于消耗臭氧层物质的蒙特利尔议定书》,随后便成立了"保护臭氧层领导小组",负责提出《中国消耗臭氧层物质逐步淘汰国家方案》(下称《国家方案》)并组织实施、履行《议定书》缔约国的义务。

1992 年 5～8 月,由来自各相关部门的 30 位专家,组成了化工代用品、制冷冰箱及硬泡材料、泡沫材料、工业制冷、哈龙、气溶胶、电子清洗和回收等 8 个专家组,分别起草编制本专业逐步淘汰消耗臭氧层物质的《国家方案》分报告。这些分报告最后由北京大学环境研究中心汇总并编写《国家方案》,并于同年 11 月份完成《国家方案》的报批稿。1993 年 1 月 12 日,国务院总理李鹏批准了《国家方案》,并于 1993 年 1 月 15 日将《国家方案》报送至履行《蒙特利尔议定书》多边基金执行委员会,正式成为中国政府为保护臭氧层履行《议定书》缔约国的基本文件。

《国家方案》是在国家环保局组织协调下完成的,并得到了外交部、国家计委、国家科委、国务院经贸办、财政部、经贸部、海关总署、国家税务局、国家工商局、公安部、机电部、航天工业部、化工部、轻工部、商业部以及《议定书》多边基金执行委员会和联合国开发署、世界银行等部门的支持。

《国家方案》系统地分析了中国消耗臭氧层物质的生产、消费状况,科学地评估了 ODS 物质发展趋势及代用品、代用技术在中国的发展状况,优化制定了中国消减 ODS 物质的有效行动计划和所需要的相应费用,同时提出了一整套中国保护臭氧层对策及配套的机构框架,以支持、领导、监督和保证行动计划及相应项目的如期实施并取得预期效果。

《国家方案》包括导言、当前形势、逐步淘汰实施、中国实施 ODS 逐步淘汰的项目总汇等四大部分。

引言介绍了《国家方案》编制的目的和编制的组织实施状况,当前形势重点分析了中国 ODS 物质(其中主要是 CFC-11,CFC-12,CFC-113,Halon-1211,Halon-1301,四氯化碳和甲基氯仿等 7 种)的生产和消费状况,中国政府保护臭氧层组织管理机构框架、政策框架、政府和工业界对《议定书》的响应等。

逐步淘汰实施包括政府战略、各行业实施逐步淘汰的技术路线、中国实施淘汰的方案、政府行动计划、实施逐步淘汰的项目以及预算和财政方案和监督安排等。

ODS 逐步淘汰的项目总汇给出了第一批项目(1992 年),第二批项目(1993 年)和第三批项目(中长期项目)的具体名称、费用和消减量以及启动时间。

根据《议定书》的要求,中国在《国家方案》中制定了 2010 年完全淘汰 ODS 物质的方案。表 6.7 是方案中 7 种主要 ODS 物质的实际消减量和分部门实际消减量,表 6.8 是根据 ODS 的实际消费量作出的计划生产量,表 6.9 是几种主要 ODS 替代品的预测需求量。

表 6.7 2010 年方案 ODS 削减量(吨)

物质	1996 年		2000 年		2005 年		2010 年	
	ODS	ODP	ODS	ODP	ODS	ODP	ODS	ODP
CFC-11	8470	8470	19196	19196	26478	26478	35495	35495
CFC-12	21519	21519	53961	53961	89208	89208	138492	138492
CFC-113	2100	2247	10094	10801	24778	26512	45580	48771
H-1211	4172	16688	8155	32620	12636	50544	19187	76748
H-1301	74	1184	197	3152	434	6944	916	14656
CCl_4	179	193	748	808	1697	1833	3094	3342
CH_3CCl_3	1239	149	2895	347	6811	817	12882	1546

(续表)

物质	1996年		2000年		2005年		2010年	
*合计	37753	50450	95246	120885	162042	202336	255646	319050
泡沫	8890	8890	22107	22107	29841	29841	39529	39529
制冷	3272	3272	18349	18349	37296	37296	67695	67695
消防	4246	17872	8352	35772	13070	57488	20103	91404
气溶胶	17827	17827	32701	32701	48549	48549	66763	66763
清洗	3518	2589	13737	11956	33286	29162	61556	53659
附件A-I	32089	32236	83251	83958	140464	142198	219567	222758
附件A-II	4246	17872	8352	35772	13070	57488	20103	91404
附件B-II	179	193	748	808	1697	1833	3094	3342
附件B-III	1239	149	2895	347	6811	817	12882	1546
回收CFC-12	1054	1054	612	612	374	374	0	0

表6.8　2010年方案ODS计划生产量(吨)

物质	1991	1996	2000	2005	2010
CFC-11	3100	12000	4000	2500	0
CFC-12	21900	20000	8000	6000	0
H-1211	3500	2380	900	500	0
H-1301	10	50	30	20	0
CFC-113	800	800	400	100	0
CCl_4	249	350	150	50	0
CH_3CCl_3	737	700	350	200	0
总ODP生产量	40373	43638	16712	11005	0

表6.9　2010年方案替代品的预测需求量(千吨)

物质	1996	2000	2005	2010
HCFC-22		5.5	22.0	35.4
HFC-134a				
HFC-152a	1.0	2.9	7.7	14.6
HCFC-141b/142b				
HCFC-123	0.23	0.6	1.3	2.5

图 6.3 至图 6.4 分别给出中国 2010 年 ODS 淘汰方案对《议定书》中附件 A 第一类（5 种 CFCs），附件 A 第二类（3 种 Halons），附件 B 第二类（四氯化碳），附件 B 第三类（甲基氯仿）ODS 物质的预测消费量和预测消减量。

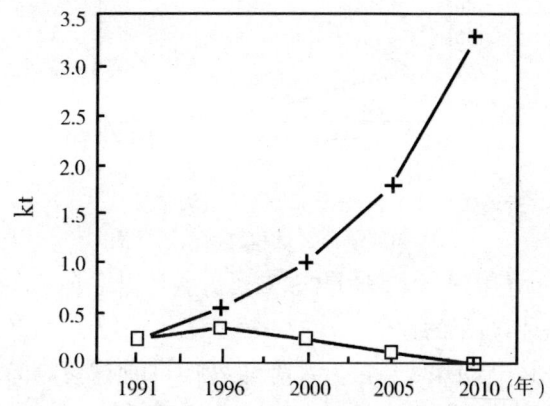

图 6.3　中国 2010 年淘汰方案附件 B
第二类（四氯化碳）的预测消费量和预测消减量

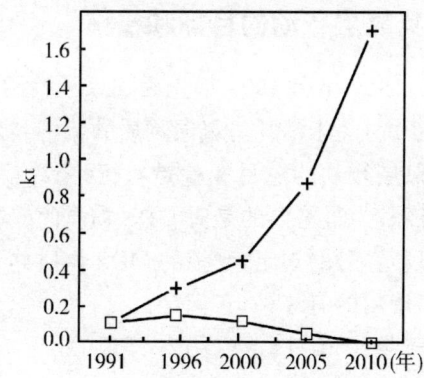

图 6.4　中国 2010 年淘汰方案附件 B
第三类（甲基氯仿）的预测消费量和预测消减量

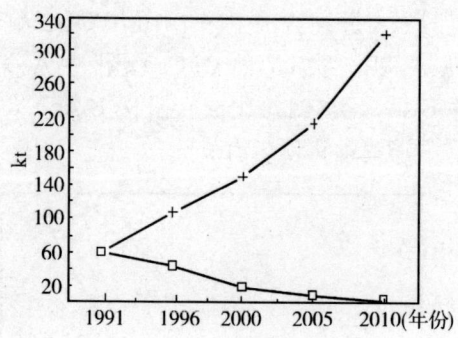

图 6.5 中国 2010 年淘汰方案
ODS 物质总消费量和总消减量预测

图 6.5 是中国 2010 年 ODS 淘汰方案中对 7 种 ODS 物质总消费量和总消减量的预测。

这些图表显示,尽管在从目前至 2010 年前这段时间内,中国对 ODS 物质的实际需求量仍在迅速增加,但《国家方案》的执行,会使《议定书》附件 A、B 中规定控制的 ODS 物质的生产量和消费量达到要求,并在 2010 年实现对相应 ODS 物质的完全淘汰。

中国保护臭氧层行动的目标和措施

中国政府于 1989 年和 1991 年先后加入了《保护臭氧层维也纳公约》和经修正的《关于消耗臭氧层物质的蒙特利尔议定书》。因此,中国保护臭氧层行动的总目标就是履行《公约》和《议定书》所规定的国际义务,其中最重要的是对 ODS 物质的控制。

按修正的《议定书》的规定,受控的 ODS 物质共 3 类 20 种,而中国主要生产和使用的有 7 种,它们是:

附件 A,第一类:CFC-11,CFC-12,CFC-13

附件 A,第二类:Halon-1211,Halon-1301

附件 B,第二类:四氯化碳

附件 B,第三类:甲基氯仿

其余的 13 种受控物质中,中国的生产量和消费量或很小(如 CFC-13,CFC-115 等),或基本不生产和不消费。因此,中国对 ODS 物质的控制目标主要是针对上述 7 种物质进行的。

应当特别指出的是,考虑到保护臭氧层的重要性和迫切性,在得到有效的替代品和替代技术和相应的资金援助情况下,中国政府将会加快消减 ODS 的进程,在某些行业中实现 ODS 物质的提前淘汰。

根据《议定书》修正案的规定,中国对《议定书》中控制的 ODS 物质的具体控制目标是:

CFCs:自 1999 年 7 月 1 日起,将附件 A 中第一类 CFCs(5 种)的年生产和消费量分别冻结在 1995~1997 年 3 年的平均水平上(控制限额基准),自 2005 年 1 月 1 日起消减限额基准的 50%,自 2007 年 1 月 1 日起,消减限额基准的 85%,自 2010 年 1 月 1 日起,完全停止 CFCs 的生产和消费。对附件 B 中的第一类 CFC-13 的控制目标是生产量和消费量均以 1998~2000 年 3 年均值为限额基准,2003 年 1 月 1 日起,消减 20%,自 2007 年 1 月 1 日起消减 85%,自 2010 年 1 月 1 日起完全停止 CFC-13 的生产和使用。

Halons:附件 A 中第二类 ODS 物质,即 3 种 Halons 物质,自 2002 年 1 月 1 日起,将这 3 种 Halons 的生产和消费量冻结在 1995~1997 年 3 年的平均水平上,自 2005 年 1 月 1 日起,将哈龙的生产和消费在限额基准的基础上消减 50%,自 2010 年 1 月 1 日起,完全停止哈龙的生产和消费。

CTC:自 2005 年 1 月 1 日起,CTC 的生产和消费量从 1998~2000 年 3 年的平均水平上消减 85%,2010 年 1 月 1 日起完全停止 CTC 的生产和消费。

TCA:自 2003 年 1 月 1 日起,TCA 的生产和消费量从 1998~2000 年 3 年的平均水平上消减 70%,并自 2015 年 1 月 1 日起完全停止 TCA 的生产和消费。

根据国家对 ODS 物质的控制目标,各行业将根据目标要求和

《国家方案》中的具体淘汰方案和淘汰项目要求制定本行业的控制目标和逐步淘汰计划。各部门将实施有效的淘汰计划,以保证按期达到控制目标。例如,2005 年将哈龙 1211 灭火剂的生产量消减为"0",2002 年 1 月 1 日后新生产的汽车全部停用 CFC-12 为工质的汽车空调器,新的汽车空调器将以 HFC-134a 作为工质。2007 年 1 月 1 日前烟草行业完成 CFC 淘汰计划,彻底淘汰 CFC-11 等。

为保证 ODS 物质控制目标的实施,中国政府采取了一系列有效措施,这些措施包括:

编制《中国消耗臭氧层物质逐步淘汰国家方案》此方案已于 1993 年 1 月 12 日被国务院批准并已成为中国政府履行《议定书》缔约国的基本文件。这是中国政府采取的最有效、最直接的保护臭氧层行动的措施。《国家方案》是根据修正后《议定书》规定的 2010 年完全淘汰规定的受控物质来制定行动计划的,在按《议定书》规定并及时提供足够资金和技术转化的条件下,中国政府将采取有效措施,承担实施计划的义务。

机构的建立和职责的分配

中国政府自加入修正后的《议定书》之后,建立和完善了一系列的组织机构以领导和执行中国的保护臭氧层工作。这些机构包括:

国家保护臭氧层领导小组。这是一个跨部门的协调机构,由国家环保总局任组长单位,外交部、国家计委、财政部、国家科委等 18 个委(局)参加。国家保护臭氧层领导小组主要负责履行《公约》和《议定书》,审核各项执行方案和提出中国保护臭氧层工作的决策意见,对我国 ODS 物质淘汰行动提供指导并协调有关行动。

保护臭氧层多边基金项目办公室(PMO)。设在国家环保总局,全面负责保护臭氧层多边基金项目的选择、准备和报批工作,并对项目的实施进行统一协调、管理和监督。

部委保护臭氧层机构。根据保护臭氧层工作的职责分工,各部委相应成立保护臭氧层领导小组,以协调和领导本部门的保护臭氧层工作。

此外,还有行业组织(包括各行业协会、行业科研院所等)、地方政府有关部门和环保部门等。这些组织和部门将根据政府的统一安排,负责领导和协调本部门和本行业的履约工作。

为保证保护臭氧层工作和《国家方案》的顺利实施,在建立相应机构的同时,还对相关部委在保护臭氧层工作中的具体职责进行了分配。例如,外交部负责《公约》和《议定书》的有关国际事务方面以及涉外政策和法律问题,国家计委和国家经贸委负责对受控ODS物质及其制品的生产、进口和出口以及消费情况进行规划和控制,国家科委负责有关ODS替代物技术研究及新产品开发示范项目的计划、组织、实施和管理等。公安部负责哈龙灭火药剂,哈龙灭火器及固定灭火系统和替代品、替代技术的研究、使用、回收和管理,农业部负责甲基溴在农业生产中的使用、管理和淘汰工作。国家轻工业局负责对受控物质制造的家用冰箱冰柜、家用空调以及配套的压缩机、气雾剂制品、泡沫材料等的生产和使用管理等等。国家环保总局则负责监督检查《公约》、《议定书》和《国家方案》的实施情况,制定和实施有关国际合作、政策法规和行政规章,调查、汇总和监督核查企业、行业和海关报送的有关受控物质的生产、进口、出口和消费数据,监督和检查保护臭氧层政策法规的执行情况等。

管理政策的制定

严格的行政管理制度是保护臭氧层工作顺利进行的保障。目前,我国已形成一系列涉及保护臭氧层工作的工作管理制度,其中包括稳定的国际合作方式和工作程序,规范化的数据申报和报告制度、行业管理制度,ODS及替代品的质量检查制度,保护臭氧层多边基金项目管理程序等等,并在逐步建立和完善管理信息系统。应当特别指出的是对各行业、各部门的生产领域实行严格的管理制度,其中包括生产许可证制度,产品计划分配制度,新建扩建和技术改造项目的审批制度以及企业的关、停、并、转等。

臭氧层保护政策

中国政府的保护大气臭氧层行动包括制定相应的法规和政策。自1991年以来国家颁布的有关保护臭氧层政策和法律法规就有382页。其中包括：关于加强氯氟烃及替代品生产建设管理的通知(1993)，关于报送ODS生产、消费和进出品数据的通知(1994)，关于禁止在非必要场所再配置哈龙灭火器的通知(1994)，哈龙替代品推广应用的规定(1996)，关于加强地方环保部门在保护臭氧层工作中监督管理职能的通知(1997)，关于在气雾剂行业禁止使用氯氟化碳类物质的通知(1997)，关于禁止新建生产、使用消耗臭氧层物质生产设施的通知(1997)，氯氟烃产品生产许可证实施细则(1997)，关于中国汽车行业新车生产停止使用氟里昂(CFCs)的通知(1997)，关于禁止将1202作为灭火剂销售和使用的通知(1998)，关于实施含氯氟烃产品(CFCs)生产许可证管理的通知(1999)，关于加强对消耗臭氧层物质进出品管理的规定(2000)等等。除此而外，各地方政府以及消防、环保等部门也分别颁布了保护臭氧层的有关政策和法规。

ODS控制政策

除了必要的政府行政手段之外，国家还积极采取适合于社会主义市场经济的经济手段来促进ODS物质的淘汰，其中包括价格政策、限制进口政策、税务倾斜政策、控制资金投资政策、国营专营政策以及鼓励、宣传和绿色标志政策等。为此，中国计划颁布并实施的ODS控制政策有：

配额管理制度，即向有关企业和单位颁发配额许可证；

产品质量管理政策，适时地对ODS替代品及其制品制定质量标准；

消费管理政策，确定或调整ODS必要使用和非必要使用区域，颁布相应的禁令等；

进出品管理政策，包括发布受控ODS进出品名录，ODS进出口申报与报告制度以及ODS进出口配额管理制度；

税/费制度,对 ODS 产品的生产、消费实行税收政策,对 ODS 替代品的生产、消费实行减免税制度等。

其他政策和管理办法,如受控物质的回收政策,奖惩政策等等。

除此而外,各行业还颁布和准备颁布具体的行业政策,如工商制冷行业 2001~2002 年颁布 CFC-11 和 CFC-12 的消费禁令,家用制冷行业 2005 年将颁布 CFCs 消查禁令等等。

附录1　大气臭氧历史中的重要事件

1839年	德国化学家斯考宾(C.F.Schonbein)发现臭氧。
1860年	在世界各地上百个地区开始测量近地面空气中的臭氧。
1880年	哈特莱(Hartley)发现 200~320 nm 范围内的太阳辐射中有很强的臭氧吸收带,并指明这种吸收是由高层大气中的臭氧造成的。
1913年	紫外辐射测量证明绝大部分臭氧位于大气的平流层中。
1920年	首次实现对大气中臭氧总量的定量观测。
1926年	分布在世界各地的六台陶普生臭氧分光光度计开始对大气中的臭氧柱总量进行了定期观测。
1929年	用以确定大气臭氧垂直分布的逆转法(Umkehr法)开始应用并确认了大气中臭氧最大浓度的高度低于 25 km。
1930年	基于纯氧大气化学的臭氧生成和消失的光化学理论诞生。
1934年	首次球载大气臭氧探空仪观测显示大气臭氧的最大浓度位于 20 km 附近。
1955年	为开展国际地球物理年(IGY)建立全球臭氧站网
1957年	世界气象组织(WMO)为全球统一的臭氧观测制定标准方法,全球臭氧观测系统(GO_3OS)建立
1965年	考虑到 HO_x 自由基破坏的臭氧光化学理论建立。
1966年	首次实现从卫星上观测臭氧。
1971年	科学家提出 NO_x 破坏臭氧的机制。
1974年	科学家们证实人类排放的氯氟烃(CFCs)是平流层中氯的气源。
1975年	世界气象组织(WMO)进行第一次全球臭氧状态的国际评估。
1977年	联合国环境规划署(UNEP)与世界气象组织(WMO)合作开始执行臭氧层行动计划。

续表

1981～1998年	WMO和UNEP以及各国研究机构分别于1981,1985,1988,1994和1998年分别出版了臭氧层状态的科学评估报告。
1984年	在希腊Halkidiki举行的臭氧委员会学术会议上,首次报导了1982年10月份在南极昭和站观测到了臭氧总量不正常的低值(约200 DU),但是它的重要性在第二年才被认识到。
1985年	缔结《保护臭氧层维也纳公约》,英国南极考察队根据哈利湾站(Halley Bay)资料报导了从80年代初开始南极春季期间臭氧洞的存在。
1986年	对1873～1910年间Montsouris(巴黎)的地面臭氧资料的分析表明,当时的臭氧值不足现在臭氧值的一半。
1987年	在UNEP主持下,缔结《关于消耗臭氧层物质的蒙特利尔议定书》,国际臭氧变化趋势小组开始对臭氧状况进行基本评估。
1988年	公布了在平流层下部每10年臭氧浓度减少约10%的观测结果。美国国家宇航局(NASA)南极试验证明,由人类活动产生的活性氯和溴是南极春季臭氧洞形成的原因。
1990年	《蒙特利尔议定书》伦敦会议,修正了对ODS的控制时间,2000年前全部停止CFC物质的生产和消费。
1991年	WMO/UNEP的臭氧评估1991年指出,臭氧耗损不仅出现在冬春季而是在全年和除赤道地区的所有地方。在北极地区观测到高浓度的ClO意味着潜在的更强的臭氧耗损会在北极出现。
1992年	哥本哈根会议对《蒙特利尔议定书》的控制物质作了进一步修正,将对CFCs的控制时间提前到了1995年并扩大了控制物质范围。
1992～1994年	在南极春季观测到了不寻常的臭氧低值(约100 DU),其覆盖面积达2400万km^2,同时在北半球的冬春季节观测到了臭氧的最低值。所有这些均表明由于平流层中氯和溴浓度的增加使得破坏臭氧的能力在增加。
1994年	中国学者首次报导在青藏高原地区上空出现季节性的臭氧异常低值中心。
1995年	在西伯利亚和欧洲的部分地区1～3月份期间观测到了臭氧的历史最低值(低于长期平均值25%)。

续表

1997~2000年	南极上空臭氧耗损呈较严重势态,1998年和2000年南极臭氧洞面积短时间内分别达到2720万 km^2 和2830万 km^2。
1999年	《关于消耗臭氧层的蒙特利尔议定书》缔约方大会第11次会议和《维也纳公约》缔约方大会第五次会议在中国北京召开,会议通过了《北京宣言》。
2002年	WMO 和 UNEP 发布臭氧耗损科学评估报告:2002。

附录2 《关于消耗臭氧层物质的蒙特利尔议定书》中的ODS控制物质和过渡性物质

附件A 控制物质（1987年9月16日，蒙特利尔）

类别	物质(分子式)	代码	消耗臭氧潜能值*
第一类	$CFCl_3$	(CFC-11)	1.0
	CF_2Cl_2	(CFC-12)	1.0
	$C_2F_3Cl_3$	(CFC-113)	0.8
	$C_2F_4Cl_2$	(CFC-114)	1.0
	C_2F_5Cl	(CFC-115)	0.6
第二类	CF_2BrCl	(哈龙-1211)	3.0
	CF_3Br	(哈龙-1301)	10.0
	$C_2F_4Br_2$	(哈龙-2402)	(待确定)

* 这些消耗臭氧潜能值是根据现有知识的估计数，它们将获定期审查和修改。

附件B 控制物质（1990年6月29日，伦敦修正案）

类别	物质(分子式)	代码	消耗臭氧潜能值
第一类	CF_3Cl	(CFC-13)	1.0
	C_2FCl_5	(CFC-111)	1.0
	$C_2F_2Cl_4$	(CFC-112)	1.0
	C_3FCl_7	(CFC-211)	1.0
	$C_3F_2Cl_6$	(CFC-212)	1.0
	$C_3F_3Cl_5$	(CFC-213)	1.0
	$C_3F_4Cl_4$	(CFC-214)	1.0
	$C_3F_5Cl_3$	(CFC-215)	1.0
	$C_3F_6Cl_2$	(CFC-216)	1.0
	C_3F_7Cl	(CFC-217)	1.0
第二类	CCl_4	四氯化碳	1.1
第三类	$C_2H_3Cl_3$*	1.1.1—三氯乙烷 (甲基氯仿)	0.1

* 本分子式并不指1.1.2—三氯乙烷。

附件 C 过渡性物质

类别	物质(分子式)	代码	消耗臭氧潜能值
第一类	$CHFCl_2$	(HCFC-21)	
	CHF_2Cl	(HCFC-22)	
	CH_2FCl	(HCFC-31)	
	C_2HFCl_4	(HCFC-121)	
	$C_2HF_2Cl_3$	(HCFC-122)	
	$C_2HF_3Cl_2$	(HCFC-123)	
	C_2HF_4Cl	(HCFC-124)	
	$C_2H_2FCl_3$	(HCFC-131)	
	$C_2H_2F_2Cl_2$	(HCFC-132)	
	$C_2H_2F_3Cl$	(HCFC-133)	
	$C_2H_3FCl_2$	(HCFC-141)	
	$C_2H_3F_2Cl$	(HCFC-142)	
	C_2H_4FCl	(HCFC-151)	
	C_3HFCl_6	(HCFC-221)	
	$C_3HF_2Cl_5$	(HCFC-222)	
	$C_3HF_3Cl_4$	(HCFC-223)	
	$C_3HF_4Cl_3$	(HCFC-224)	
	$C_3HF_5Cl_2$	(HCFC-225)	
	C_3HF_6Cl	(HCFC-226)	
	$C_3H_2FCl_5$	(HCFC-231)	
	$C_3H_2F_2Cl_4$	(HCFC-232)	
	$C_3H_2F_3Cl_3$	(HCFC-233)	
	$C_3H_2F_4Cl_2$	(HCFC-234)	
	$C_3H_2F_5Cl$	(HCFC-235)	
	$C_3H_3FCl_4$	(HCFC-241)	
	$C_3H_3F_2Cl_3$	(HCFC-242)	
	$C_3H_3F_3Cl_2$	(HCFC-243)	
	$C_3H_3F_4Cl$	(HCFC-244)	
	$C_3H_4FCl_3$	(HCFC-251)	
	$C_3H_4F_2Cl_2$	(HCFC-252)	
	$C_3H_4F_3Cl$	(HCFC-253)	
	$C_3H_5FCl_2$	(HCFC-261)	
	$C_3H_5F_2Cl$	(HCFC-262)	
	C_3H_6FCl	(HCFC-271)	

附录3 中国保护臭氧层行动大事记

时间 (年·月·日)	事件
1986.5.26~30	UNEP在意大利罗马召开保护臭氧层工作组会议,中国与约50个国家及国际组织代表应邀出席会议。
1987.9.8~16	在加拿大蒙特利尔召开《关于消耗臭氧层物质的蒙特利尔议定书》全权代表会议,中国代表在最后文件上签字。
1989.3.5~7	中国代表团参加"伦敦国际保护臭氧层会议"。在会上阐明了中国政府对待环境问题的原则主场和保护臭氧层的积极态度。
1989.4.26~5.5	在《维也纳公约》缔约方第一次会议与《蒙特利尔议定书》缔约方第一次大会上,中国代表团提出设立保护臭氧层国际基金的建议。会议达成了要为实施《议定书》提供资金的决议草案。
1989.7.14	国务院以国函[1989]49号文决定我国正式加入《维也纳公约》,并明确指出,加入后,执行《维也纳公约》的日常事宜由国家环境保护局实施。
1989.9.11	中国由外交部正式提出加入《维也纳公约》。该公约于1989年12月10日对我国生效。
1991.6.17~21	在《维也纳公约》缔约方第二次会议与《蒙特利尔议定书》缔约方第三次会议上,中国正式宣布加入《蒙特利尔议定书》伦敦修正案。1992年8月10日该修正案对我国生效。
1991.7.15	中国国家保护臭氧层领导小组成立。
1992.5	国家环保局成立了项目管理办公室及信息交换所。
1993.1.12	国务院批准了《中国逐步淘汰消耗臭氧层物质国家方案》。

续表

时间 (年·月·日)	事　件
1993.3.8～10	蒙特利尔多边基金执委会第九次会议通过了《中国逐步淘汰消耗臭氧层物质国家方案》,并给予了高度评价,决定把中国的国家方案作为范本译成6国文字广泛散发。
1993.4.20～23	国家环保局与中国科学技术协会工程联合会在北京联合召开了"氯氟碳与哈龙替代技术保护臭氧层国际会议",23个国家和地区及国内有关部委、学会、协会的中外专家约400人参加。会后出版了会议论文集。
1994.5.9～10	国家保护臭氧层领导小组在北京召开会议,审议并原则通过了《国家草案》烟草行业补充方案。
1994.11.11	公安部、国家环保局以公通字[1994]94号文联合下发《关于在非必要场所停止再配置哈龙灭火器的通知》。
1995.5.18	在天津举行了联合国开发计划署"天津聚氨酯软泡生产无CFC技术改造"项目的产权移交仪式。这是中国完成的第一个多边基金投资项目。
1995.6.11～18	"中国逐步淘汰消耗臭氧层物质行业战略国际研讨会"在西安召开。蒙特利尔多边基金执委会正副主席、执委会秘书处正副主任、双边政府和4个国际执行机构的代表及中外专家、国家保护臭氧层领导小组成员单位和企业代表共100多人出席了会议。
1995.7.26～28	蒙特利尔多边基金执委会第十七次会议批准世界银行和中国政府共同开展"哈龙行业整体申报新机制的研究"的项目。
1995.9.15	在北京召开了9.16国际臭氧日纪念会。国家环保局、国务院有关部门及行业主管部门的领导、部分企业及公司领导、各新闻单位共100多人参加了会议。联合国开发计划署、世界银行等国际机构均派代表参加了会议。
1995.9.16	国家保护臭氧层领导小组成员单位及北京市环保部门共同在北京商业街道设立纪念9.16国际臭氧日宣传站,发放了有关保护臭氧层的宣传材料,展出替代产品。联合国环境规划署派代表参加了宣传活动。轻工总会家电办组织13家冰箱厂在百货大楼及双安商场进行替代产品展销。轻工总会塑料办、日化办、化工部、机械部、公安部等均利用刊物、报纸广泛宣传9.16国际臭氧层日。

续表

时间 (年·月·日)	事件
1996.1.9~10	化工部在浙江召开了"国内开发消耗臭氧层物质替代品技术交流会"。这是国内首次消耗臭氧层物质替代品技术研究开发的同行专家进行跨系统的,生产、教学、科研单位间的技术交流。
1996.4.22~24	国家环境保护局以环经[1996]409号文发布《关于印发及试行保护臭氧层多边基金项目实施指南(试行)的通知》。
1996.9.16~17	国家保护臭氧层领导小组在北京召开了"中国首届保护臭氧层大会",总结保护臭氧层工作,交流经验,表彰一批保护臭氧层工作先进单位和先进个人,发布荣获环境标志产品认证书的企业及替代产品名称。来自国内外的400多名代表出席了会议。
1997.1	国家保护臭氧层领导小组决定组织修订《中国逐步淘汰消耗臭氧层物质国家方案》。
1997.2.26	国家环境保护局以环控(1997)115号文发布《关于加强地方环保部门在保护臭氧层工作中监督管理职能的通知》。
1997.6.5	国家环境保护局及中国轻工总会等9个部委以环控(1997)0366号文发布《关于在气雾剂行业禁止使用氯氟化碳类物质的通告》。要求1997年12月31日以后在一般用途气雾剂中禁止使用氯氟化碳类物质作为推进剂。
1997.7.2	机械工业部以机汽发(1997)099号发布《关于中国汽车行业新车生产停止使用氟利昂物质的通知》。
1997.7~9	为纪念9.16国际臭氧层日,国家保护臭氧层领导小组组织了"新飞杯"保护臭氧层有奖知识竞赛,参赛者达16万人。
1997.11	《中国消防行业哈龙整体淘汰计划》在蒙特利尔多边基金执委会第23次会议上被批准,获赠款6200万美元。这是多边基金批准的第一个行业整体淘汰项目。
1998.8~9	国家环境保护局与全国少年先锋队工作委员会联合举办了"金珠杯"少年儿童保护臭氧层绘画竞赛。评出特等奖2名,送联合国环境署参加其组织的国际绘画竞赛,其中曲楠(8岁)的作品获评委奖。

续表

时间 (年·月·日)	事　件
1998.9.16~18	联合国开发计划署、联合国环境规划署和国家环境保护总局在北京联合召开"纪念9.16国际保护臭氧层日大会暨《国家方案》修订及国际政策研讨会"。会上举行了儿童画竞赛获奖作品的颁奖仪式,并放飞了臭氧探空气球。
1998.11.11~13	第26次蒙特利尔多边基金执委会会议批准了《中国汽车空调行业整体淘汰计划》,赠款总额770万美元。
1998.11.24	《蒙特利尔议定书》缔约方大会第十次会议上决定中国为第十一次缔约方大会的主办国。
1999.3.25	蒙特利尔多边基金执委会第27次会议批准了《中国化工行业整体淘汰计划》,赠款总额1.5亿美元。
1999.4	国务院批准成立第十一次《蒙特利尔议定书》缔约方会议组织委员会。
1999.5.31	国家环境保护总局和国家石油化学工业局联合发出《关于实施全氯氟烃产品(CFCs)生产配额许可证管理的通知》,决定自1999年1月1日起对CFCs生产实行配额许可证管理。
1999.9.16	国家环境保护总局在北京少儿活动中心举行了向全国少年儿童赠送保护臭氧层儿童画册仪式。
1999.11.15	国务院批准实施由18个部委会签的《中国逐步淘汰消耗臭氧层物质国家方案》(修订稿)。
1999.11.26	国家环境保护总局、机械工业局联合发布《关于中国汽车行业新车生产限期停止使用CFC-12汽车空调器的通知》。
1999.11.29~12.3	《蒙特利尔议定书》缔约方大会第十一次会议和《维也纳公约》缔约方大会第五次会议在中国北京召开,会议通过了《北京宣言》。
1999.12.3	国家环保总局、对外经济贸易合作部、海关总署联合发布《关于印发(消耗臭氧层物质进出口管理办法)的通知》
2000.1.19	国家环保总局、对外经济贸易合作部、海关总署联合发布《关于发布(中国进出口受控消耗臭氧层物质名录)(第一批)的通知》

续表

时间 (年·月·日)	事　件
2000.3.1	国家环保总局、对外经济贸易合作部及海关总署联合以环发[2000]48号文向各省、自治区、直辖市环境保护局、外经贸委(厅、局)、海关总署广东分署、各直属海关发了《关于禁止企业突击进口受控消耗臭氧层物质四氯化碳的紧急通告》。
2000.2.18	公安部向各省、自治区、直辖市公安厅消防局发了《关于1998年度哈龙淘汰执行项目企业停止生产和销售哈龙产品的通知》
2000.3.29~31	蒙特利尔多边基金执委会批准《中国清洗行业ODS整体淘汰计划》赠款额5200万美元,《中国烟草行业CFC-11整体淘汰计划》赠款额1100万美元。
2000.4.13	国家环保总局、对外经济贸易合作部、海关总署以环发(2000)85号文发布《关于加强对消耗臭氧层物质进出口管理的规定》的通知。
2000.5.11	国家环保总局发了《关于申请2000年度受控消耗臭氧层物质进出口配额的通知》
2000.6.1~2	国家环保总局项目管理办公室召开首次P.MD工作交流暨培训会议。
2000.8.9~11	中国信息产业部与国家环保总局联合召开全国清洗行业ODS淘汰工作会议。这是消费行业首次全行业淘汰ODS工作会议。

参考文献

曹凤中.臭氧层空洞的报告.中国环境科学出版社.北京.1990年
国家环保局.人类共同的责任.中国环境科学出版社.北京.1993年
寒冬,寒之.臭氧层,中国环境科学出版社.北京.2001年
天津商学院.拯救臭氧层——回收消耗臭氧层物质,天津商学院出版.天津,1997年
莫天麟.大气化学基础.气象出版社.北京.1988年
王贵勤等.大气臭氧研究.科学出版社.北京.1985年
王春乙.郭建平.郑有飞.二氧化碳、臭氧、紫外辐射与农作物生产.气象出版社.北京.1997年
张长春,孙平主编.汽车？环境与健康.中国环境科学出版社.北京.1995
W.J.曼宁(美).W.A.费德尔(美).黄楚豫,王瑞全译.大气污染物的植物监测.中国环境科学出版社.北京.1987年
Bojkov, R.D. *The Changing Ozone Layer*, WMO/UNEP Publication, Geneva, 1995.
Elisabeth Kessler B.A. edited, *AMBIO*, Special Issue, **24**(3):143~195, Royal Swedish Academy of Sciences, Stockholm, 1995.

后 记

  目前,大气臭氧已成为各界人士关注的一个大众化话题。作为科普读物,编者将此书奉献给广大读者,以便使人们对大气臭氧层及其变化有更多的了解。愿本书的出版会使更多的人意识到,大气臭氧层正在发生变化,我们的星球及人类的命运掌握在我们自己手中,保护大气臭氧层就是保护我们自己。

  本书中的有些内容和附图引自书后有关参考书目,有些则是作者所在研究部门的长期研究结果,由于涉及的作者较多难以一一提及姓名,仅在此向有关作者和同事致谢,并请鉴谅。本书由气象出版社组织编写,吴益美同志承担了全书的文字处理工作,在此一并致谢。

编 者
2003 年 3 月